KB094496

께!

그림자로 지구 크기를 재어라!

그림자로 지구 크기를 재어라!

글 전영석 외 | 그림 이지후

㈜자음과모음

차례

우주에서 바라본 지구는 마치 파란 구슬 같습니다. 우리가 살고 있는 지구는 태양계에 있는 어떤 행성보다도 아름답지요. 아름다운 지구에 대해 얼마나 알고 있나요? 이 책에서는 지구의 생김새와 운동에 대해 알아보려고 해요. 지구는 자신의 모습과 움직임의 증거를 곳곳에 숨겨 두었답니다. 증거를 찾아내고 답을 알아내기 위해서는 과학과 수학의 힘이 필요하지요.

이집트 바하리야 사막에 여행 갔을 때 본 화석을 찍은 사진입니다. 그런데 뭔가 이상하지 않나요? 바다는커녕 물 한 방울 없는 사막에서 조개껍데기 화석이라니요! 이처럼 다른 나라를 여행하다 보면 일상적이지 않은 현상들을 종종 발견할 수 있습니다. 이들은 지구의 특징을 밝혀내는 단서가 됩니다.

TV쇼 지구 여행단에 선발된 네 명의 친구 멍지, 룩희, 상남이, 지성이는 지구에 얽힌 비밀을 풀어내야만 세계 여행을 무사히 마칠 수 있습니다. 네 친구들이 가는 곳은 늘었다 줄었다 하는 나라, 시간이 시작되는 나라, 지구의 허리에 있는 나라, 땅이 생기는 나라 등 다양합니다. 그런 나라가 대체 어디 있느냐고요? 궁금하면 네 명의 친구들과 함께 직접 여행을 떠나 보세요. 여행을 즐기다 보면 지구가 숨겨 놓은 여러 단서들을 발견할 수 있습니다. 세계 여행을 무사히 마친 후엔 지구를 깊이 이해할 수 있을 테고요. 서두르세요. 지금 특별한 세계 여행을 시작합니다.

꺼내도 꺼내도 줄어들지 않는 마법의 과학주머니

등장인물

멍지

붙임성 좋고 활기찬 왈가닥 소녀

궁금한 것은 누구에게든 묻고 의견을 나눈다. 여러 친구들과 함께 여행을 떠나고 싶어서 지구 여행단에 지원한다. 가끔 엉뚱한 행동을 하지만 관찰력이 좋아 문제의 단서를 쉽게 찾아낸다.

지성이

지구 여행단의 브레인

큰 저택에서 책 속에 파묻혀 있다 보니 아는 것은 많지만 용기가 부족하다. 책에서 읽은 상식을 무기로 세계 여행에 지원한다. 여행을 통해 경험과 지혜를 쌓고 소중한 친구들을 얻는다.

룩희

지구 여행단의 행운의 아이콘

친구들을 잘 챙기고 어려운 일 앞에서도 늘 긍정적이다. 세계 구석구석의 멋진 풍경을 사진에 담기 위해 여행을 떠난다. 결정적인 순간에 사진으로 실마리를 제공한다.

상남이

말보다 행동이 먼저인 용감한 소년

남들이 대충 넘어가는 문제도 날카롭게 짚어낸다. 뭐든 직접 경험한 사실을 제일로 여긴다. 여행을 하면서 다른 친구들과 의논하는 법을 배워 나간다.

X맨

지구 여행단의 수상한 PD

지구에 관련된 어렵고도 재밌는 문제를 쉴 틈 없이 낸다. 지구에 대한 지식이 많고 남몰래 아이들을 챙긴다. 하지만 가만히 보면 행동이 어설프고 철부지 같다. 마지막 여행지에서 감춰둔 비밀이 탄로 난다.

지구 여행단을 모집합니다

서울 종로구, 룩희네 초등학교

"또 나침반이네."

룩희가 뽑기 기계에서 나침반을 꺼내며 작게 중얼거렸다.

"벌써 세 개째야."

"룩희는 늘 운이 좋다니까."

옆에서 구경하던 아이들이 부러운 듯 수군거렸다. 룩희가 머리를 긁적이며 아이들을 둘러봤다. 룩희가 뽑고 싶었던 건 작은 지구본이었다.

'나는 필요 없는데……. 이건 친구들 줘야겠다.'

룩희가 아쉬운 표정으로 나침반을 만지작거렸다. 그때 학교 정문

에서 한 친구가 룩희를 향해 뛰어왔다. 손에 작은 광고 전단지를 들고 있었다.

"룩희야! 좋은 소식이 있어."

"무슨 좋은 소식?"

"세계 여행할 학생들을 모집한대. 너 세계 곳곳을 여행하면서 사진을 찍고 싶다고 했잖아."

세계 곳곳을 누빌 지구 여행단을 모집합니다.

친구가 건네준 전단지를 보고 룩희의 눈이 동그래졌다.

"세계 여행을 공짜로 할 수 있다고? 이렇게 큰 행운이 나에게 올까?"

룩희는 비행기를 타고 다른 나라로 가는 상상만으로도 가슴이 두

TV쇼 지구 여행단
"세계 곳곳을 누빌 지구 여행단을 모집합니다."

세계 곳곳을 여행하며 지구의 비밀을 풀어낼 네 명의 친구를 모집합니다. 지구를 사랑하는 초등학생은 누구든지 지원할 수 있습니다. 함께 세계를 누빌 친구들은 세계 여행을 하고 싶은 이유를 이메일로 보내 주세요. 참가비는 무료입니다.

* 단, 여행 중에 주어지는 문제를 해결해야만 세계 여행을 끝까지 할 수 있습니다.

근거렸다.

"너는 운이 좋잖아. 한번 신청해 봐."

"아……그럴까? 나침반을 뽑은 게 우연이 아닐지도 모르니까……."

룩희는 떨리는 마음으로 전단지를 들여다봤다.

부산 수영구, 상남이네 집

"앗, 엄마, 잠깐만요!"

상남이가 갑자기 크게 소리치는 바람에 채널을 돌리던 상남이의

엄마가 리모콘을 놓쳤다.

"아이코, 깜짝이야. 왜? TV에 재미있는 거라도 나왔니?"

소파에 늘어져서 TV를 보던 상남이가 재빨리 채널을 되돌리고 TV 앞으로 바짝 다가갔다.

"저거요. 저 세계 여행 갈래요. 허락해 주실 거죠?"

상남이가 TV를 뚫어져라 보며 말했다.

지구를 사랑하는 초등학생은 누구든지 지원할 수 있습니다.

TV에서 지구 여행단을 모집한다는 안내 광고가 흘러나왔다. 동시에 세계 곳곳의 화려한 풍광이 화면 가득 펼쳐졌다.

"엄마도 보내 주고 싶은데 세계 여행 하려면 비용이 만만치 않을 거야. 다음에 꼭 가자."

하지만 상남이는 여전히 TV 화면에 집중했다.

"네……. 하지만 다른 나라에 직접 가 보고 싶은데……. 백만장자가 인심을 쓸 수도 있잖아요."

"에이. 어떤 사람이 그런 호의를 베풀겠어?"

상남이의 엄마가 말도 안 된다며 고개를 절레절레 흔들었다. TV 광고가 계속됐다.

참가비는 없습니다.

"와! 엄마, 보셨죠?"

상남이가 신나서 크게 소리쳤다.

대전 유성구, 멍지네 초등학교

"아, 심심해."

아이들이 모두 빠져나간 학교 운동장 벤치에 멍지 혼자 앉아 있다.

"오늘따라 말 걸 사람이 한 명도 없네."

평소에는 운동장에서 만난 친구나 꼬마들과 이야기를 나누면서 심심함을 달래지만, 오늘은 운동장이 텅 비어 있다.

"뭐, 괜찮아. 나의 보물 상자가 있으니까."

그림자로 지구 크기를 재어라!

멍지가 늘 가지고 다니는 작은 상자를 열었다. 자석, 분필, 요요, 딱지와 같은 놀잇거리가 가득 들어 있었다.

"그래도 같이 놀 친구가 많으면 좋을 텐데……."

'딩동!'

그때 멍지의 휴대폰에 문자 메시지가 도착했다.

TV쇼 지구 여행단. 세계를 여행하며 지구의 비밀을 풀어낼

네 명의 친구를 모집합니다.

"이게 뭐지? 지구 여행단? 네 명이 함께 떠나는 건가? 진짜 재밌겠다."

문자 메시지의 링크 주소를 클릭하니 지구 여행단을 뽑는 광고 영상이 시작됐다. 멍지의 눈이 휘둥그레졌다. 인터넷 포털 사이트에

접속하자 'TV쇼 지구 여행단'이 이미 실시간 검색어 1위에 올라 있었다.

"와! 벌써 다들 아는 거야? 나도 당장 지원해야지!"

멍지가 혼잣말을 중얼거리며 재빨리 집으로 뛰어갔다.

전주 완산구, 지성이네 집

'똑똑!'

노크 소리에도 지성이는 고개를 들지 않았다. 서재 문이 열리고 지성이의 형이 들어왔다. 쌓여 있는 책들 사이로 지성이의 곱슬곱슬한 머리카락이 보였다.

"지성아, 또 책 읽고 있어? 나랑 밖에 나가서 축구 하지 않을래?"

지성이는 여전히 책에 머리를 묻고 고개만 좌우로 흔들었다. 오늘도 세계 여행에 관련된 책에 푹 빠져 있었다.

"치, 그럴 줄 알았다. 여기 방송국에서 편지가 왔어. 볼래?"

지성이가 그제야 고개를 들고 형을 쳐다봤다.

"무슨 편진데?"

"모르겠어. 내가 열어 볼게. 음…… 세계 여행에 참여할 사람을 찾는다는데."

지성이의 형이 편지를 뜯으면서 말했다. 그 말에 지성이가 자리에서 일어났다.

그림자로 지구 크기를 재어라!

"어떻게 참여하는 건데? 어느 나라로 가는 건데?"

목소리는 침착했지만 지성이의 가슴은 두근두근했다. 수많은 책으로 세계 곳곳의 정보를 접했지만 직접 찾아가 본 적은 없었다. 여행은커녕 밖에서 뛰어놀아 본 것도 한참 전 일이다.

"이거 읽어 봐. 한두 군데를 가는 게 아닌데. 너는 매일 지구본이랑 세계 여행 책만 보잖아. 한번 신청해 봐."

지성이의 형이 편지를 건넸다.

　　　지구를 사랑하는 초등학생은 누구든지 지원할 수 있습니다.

지성이의 마음이 다시 부풀었다. 지성이는 서재에 있는 커다란 지구본을 천천히 한 바퀴 돌리며 마음먹었다.

'그래, 한번 도전해 보자.'

'딩동!'

축하합니다! 약 3000명의 지원자 중에서 지구 여행단으로 선정되셨습니다. 문자 메시지를 받은 네 명의 지구 여행단은 다음 달 1일 인천 국제공항에서 출발합니다. 먼저 비행기 표 예매를 위한 신상 정보를 답장으로 보내주세요. 그리고 출발하는 날 개인 짐과 세계 지도, 나침반, 카메라를 가지고 오전 9시에 인천 국제공항 X항공사 발권 창구 앞에서 모이겠습니다.

"와!"

서울에 사는 룩희, 부산에 사는 상남이, 대전에 사는 멍지, 전주에 사는 지성이가 문자 메시지를 보고 동시에 환호성을 질렀다. 그리고 같은 시각, 문자 메시지를 보낸 한 사람이 조용히 미소 짓고 있었다.

그림자로 지구 크기를 재어라!

1

그림자가 둥근 지구

대한민국 인천

여행을 시작하는 날 오전 9시. 인천 국제공항 X항공사 발권 창구 앞에 지구 여행단의 출발을 알리는 현수막이 걸려 있었다. 룩희와 상남이, 지성이가 일찌감치 약속 장소에 나와 있었다. 가족의 품을 떠나 또래 친구들과 여행을 간다는 사실에 다들 들떠 있었다. 하지만 처음 보는 사이라 서먹한 분위기가 감돌았다. 잠시 후 멍지가 상기된 표정으로 세 아이들 쪽으로 달려왔다.

"안녕, 친구들! 모두 축하해. 나도 함께 여행을 떠나게 되었어. 내 이름은 멍지. 넌 이름이 뭐야?"

"나? 나는 지성이야. 안녕."

지성이가 멍지의 살가운 태도에 놀라 어색하게 대답했다.

"그렇구나. 난 일주일 전부터 너무 떨려서 잠을 잘 못 잤어. 어떤 아이들이 올지 얼마나 궁금하던지. 나는 내가 이렇게 뽑힐 줄은 꿈에도 몰랐는데. 아참! 내가 이름을 물어봤던가?"

"어, 방금 전에."

지성이가 다시 어색하게 대답했다. 쉴 새 없이 말하는 멍지를 보고 놀란 표정이었다.

"아, 지성이였지. 너무 기뻐서 정신이 없나 봐! 넌 어떤 나라에 가장 가고 싶어? 난 낭만의 도시 프랑스 파리에 가고 싶어. 가서 에펠탑도 구경하고 센 강에서 유람선도 타고 싶고."

"음…… 나는 아프리카 대륙에 가 보고 싶어."

"거기 두 명! 조용히 좀 해 봐. 이제 여행에 대해 설명해 주실 것 같아."

그때 상남이가 구석에 서 있는 한 사람을 가리켰다.

"저 사람이 누군데?"

조용히 서 있던 룩희가 아이들을 둘러보며 물었다.

"우리에게 문자 메시지를 보낸 아저씨가 아닐까?"

"형사 같은 차림새인데, 어린이 같기도 하고 어른 같기도 하고."

아이들이 수군거리며 상남이가 가리킨 곳으로 고개를 돌렸다. 구석에 바바리코트를 입은 남자가 서 있었다. 바로 네 명의 친구들을 불러 모은 사람, TV쇼 지구 여행단의 PD였다.

"행운의 주인공들, 안녕하세요. 이번 여행에 참가하게 된 것을 축하드립니다. 저는 여러분을 세계 곳곳으로 안내하고 여러분의 안전을 책임질 이 프로그램의 PD입니다. 아, 또한 이 여행을 계속할지 멈출지 결정하는 역할도 하지요."

그가 네 아이들을 한 명씩 바라보며 낮은 목소리로 말했다. 하지만 코트 깃을 세우고 짙은 색 선글라스를 쓰고 있어서 얼굴이 잘 보이지는 않았다.

"네? 여행을 멈출지 결정한다고요? 세계 여행이 중단될 수도 있나요?"

멍지가 실망한 목소리로 끼어들었다.

"멍지 학생, 참가자 지원서 아래쪽에 작게 조건을 적어 놓았는데 읽어 보지 않았군요. 아, 그리고 저는 그냥 아저씨가 아닙니다. 이 여행을 기획한 사람을 대신하러 왔으니까 특별히 'X맨'이라고 불러 주세요."

X맨이 공항 의자에 한쪽 다리를 얹고 잠시 말을 멈췄다.

"X맨, 설명을 계속해 주세요."

TV쇼 지구 여행단의 여행 규칙

1. 세계 여행은 그냥 주어지지 않는다. 세계 여행을 계속하려면 각 나라에서 제시되는 지구에 대한 문제를 해결해야만 한다.
2. 주어진 문제는 여행에 참가한 네 명의 지구 여행단원이 힘을 합쳐 해결해야 한다. 지구 여행단이 아닌 사람에게 직접 물어볼 수는 없다.
3. 문제를 해결하면 다음 여행지로 떠나는 비행기 표가 주어진다. 하지만 해결하지 못하면 집으로 돌아가는 비행기 표를 받게 된다.

그림자로 지구 크기를 재어라!

"아, 그러죠. 여러분이 세계 여행을 계속하려면 각 여행지에서 문제를 해결해야 합니다. 여행 규칙을 적어 왔으니 함께 읽어 보세요."

여행 규칙을 읽고 멍지의 표정이 시무룩해졌다.

"이게 뭐야. 문제를 풀어야만 하다니……. 그냥 신나게 여행할 수 있도록 해 주면 얼마나 좋아."

"내 이럴 줄 알았어. 공짜로 보내 준다는 말을 순순히 믿다니, 내 잘못이지."

상남이도 투덜거렸다. 하지만 룩희는 여전히 밝은 표정이었다.

"걱정 마. 아직 문제가 나온 것도 아닌데 뭘. 우리 넷이 같이 하면 할 수 있을 거야!"

"그래, 나도 힘을 합할게."

룩희의 말에 지성이도 차분하게 말했다. X맨은 아이들이 투덜거리든 말든 상관하지 않고 말을 이었다.

"이제 세계 여행의 규칙을 잘 알아 두었죠? 간단해요. 문제만 풀면 세계 여러 나라를 여행할 수 있답니다. 자, 이제 우리는 모두 한 배를 탄 동료이니 잘해 봅시다. 여러분이 성공적으로 세계 여행을 해야만 저도 여행을 할 수 있으니까요. 준비가 되었으면 출발합시다!"

아이들은 태연하게 말하는 X맨이 얄미웠다. 하지만 막상 비행기 탑승구에 들어서자 여행에 대한 기대가 앞섰다.

"그런데 첫 번째 여행지는 어디인가요?"

상남이가 물었다.

"여러분의 첫 여행지는 정열의 나라 스페인입니다. 스페인을 여행하다 보면 여러분이 해결해야 할 질문을 만나게 됩니다. 질문의 답을 알아 오세요. 답을 찾지 못하면 세계 여행도 하지 못한다는 규칙 기억하고 있죠? 자, 다들 비행기에 오르시죠."

아이들의 좌석은 일렬로 붙어 있었다. 멍지는 비행기 안 구석구석을 살펴보고 있었다.

떠나자,
스페인으로!

그림자로 지구 크기를 재어라!

"너, 이름이 뭐라고 했더라? 멍……."

옆자리의 상남이가 멍지에게 말을 건넸다.

"멍지! 귀엽고 발음하기도 쉽지? 다음엔 꼭 기억해 줘, 상남아."

"아! 미안. 내 이름을 기억하고 있구나. 나도 다음엔 잊지 않을게. 우리, 스페인으로 향한다고 했지? 멍지야, 넌 스페인 하면 뭐가 제일 먼저 떠올라?"

"난 정열의 춤, 플라멩코. 직접 볼 수 있으면 좋겠다. 너는?"

"스페인 하면 축구지! 세계 최고의 축구 실력을 가지고 있잖아."

상남이와 멍지는 스페인에 대한 이야기로 시간 가는 줄 몰랐다. 책만 보던 지성이와 낯을 가리던 룩희도 조금씩 말문을 열기 시작했다. 목적지인 스페인의 세비야에 도착하기까지 비행기를 두 번이나 갈아타느라 1박 2일에 가까운 시간이 걸렸다. 오랜 비행 끝에 비행기에서 내릴 때는 네 아이들이 함께 세계 여행에 대한 이야기를 나누고 있었다.

스페인 세비야

공항에 내리자 X맨이 아이들을 불러 세웠다.

"긴 시간 동안 비행하느라 고생하셨습니다. 드디어 세계 여행의 첫 목적지, 스페인에 도착했습니다. 스페인은 여러분이 잘 알고 있듯이 축구를 잘하는 나라입니다. 투우를 떠올리는 분들도 많겠죠.

여행을 시작하겠습니다."

"X맨, 비행기를 오래 타서 그런지 피곤해요. 너무 졸리고. 바로 여행을 시작하나요?"

룩희가 X맨에게 물었다.

"아닙니다. ★ 시차 때문에 피곤하죠? 일단 숙소로 가서 짐을 풀고 자기소개를 나눠 보세요. 숙소에는 여러분이 해결해야 하는 문제도 기다리고 있습니다."

★ 시차
세계 표준시를 기준으로 한 세계 각 지역의 시간 차이

아이들은 X맨이 무슨 말을 하는지 이해되지 않았지만, 숙소로 들어가 쉬고 싶은 마음에 대강 고개를 끄덕였다.

"아함, 졸려. 우리 그냥 숙소 가는 길에 서로 소개할까?"

멍지의 말에 아이들이 고개를 끄덕였다.

"그래, 멍지야. 먼저 해."

"음, 내 이름은 잘 알고 있지? 친구들은 내가 좀 엉뚱하고 소란스럽다고 종종 얘기하던데, 정말 그런 것 같니? 앞으로 잘 지내 보자."

멍지가 말을 마치면서 상남이를 바라봤다.

"난 상남이야. 부산에서 왔고, 이런 여행이 처음이라 얼떨떨해."

"끝이야? 뭐가 그리 짧니?"

지성이가 멍지와 상남이를 보고 웃으며 말문을 열었다.

"나는 지성이고, 책을 많이 좋아해. 세계 여행이랑 과학을 다룬 책이 제일 재밌고. 이렇게 직접 여행하는 건 처음이지만 세계 여러 나라에 대한 책을 많이 읽어 두어서 아는 건 많아. 여행하다가 궁금한 게 있으면 나한테 물어봐. 모르는 것 빼고 다 알려 줄게."

"나만 소개하면 되겠구나. 난 룩희라고 해. 서울에 살고 있고, 긍정적이라는 말을 많이 들어. 많은 나라는 아니지만 가족들과 함께 몇 번 해외여행을 한 적이 있어. 아, 난 사진 찍는 걸 좋아해. 여행 사진은 내가 찍어 줄게."

"그런데 우리가 해결해야 한다는 그 문제는 어디 있는 걸까? 너무 어렵진 않겠지?"

룩희가 말을 마치자 지성이가 걱정스럽게 물었다. 하지만 룩희는 아직 여유로운 표정이었다.

"일단 여행만 생각하자. 밖을 봐. 너무 멋지지 않니? 여기까지 와서 문제만 풀고 있을 수는 없잖아. 오늘은 쉬고, 내일 세비야를 구경하고 나서 고민해 보자."

다음 날 정오. X맨이 그때까지도 자고 있는 아이들을 깨워 식당으로 불러냈다.

"여러분, 부에노스 타르데스!"

"상남아, 무슨 말이야?"

멍지가 옆에 있는 상남이에게 물었으나 상남이는 당황한 표정만 짓고 있었다. 상남이 옆에 있는 지성이가 나섰다.

"부에노스 타르데스, 스페인 어로 점심 인사야."

"책을 많이 읽었다더니 정말 아는 것이 많구나."

"여러분 정말 곤히 자더군요. 시차에 적응하라고 깨우지 않았습니다. 벌써 점심 시간이 됐네요. 그건 그렇고, 문제는 찾으셨나요?"

갑작스런 X맨의 물음에 아이들은 당황했다. 어제는 문제를 찾을 생각도 하지 않고 잠들어 버렸기 때문이다.

"아니요. 그런데 문제는 어디에 있어요?"

"아직도 찾지 못했나요? 문제는 우연히 여러분 앞에 나타날 수도 있고, 어딘가 숨겨져 있을 수도 있어요. 때에 따라 다릅니다."

"네? 우리는 여기 처음 왔는데 어떻게 문제를 찾죠?"

상남이가 따지듯이 물었다.

"주의를 기울이면 찾을 수 있어요. 또 한 가지 여러분에게 전달

하지 않은 사실이 있는데, 문제를 푸는 데에는 제한 시간이 있다는 것입니다."

"제한 시간이라고요?"

"제한 시간이 지나면 정답을 말해도 소용없어요. 여러분이 조금 더 긴장했으면 좋겠네요."

"정말요? 그럼 진작 이야기를 해 주셨어야죠. 오늘은 여행을 하고 문제는 나중에 풀려고 아직 문제에 대해서 생각하지 않았단 말예요. 시간이 얼마나 남았는데요?"

룩희가 볼멘소리로 말했다. 그러자 X맨도 퉁명스럽게 대답했다.

"여러분이 문제를 찾을 생각도 하지 않으니 답답해서 말해 주는 거예요. 그럼 문제를 찾는 힌트를 하나 드리죠. 문제는 지구 안에 있습니다."

"네에?"

X맨은 그 말만 남기고 자리를 떴다. 아이들은 갑자기 마음이 다급해졌다.

"얘들아, 빨리 문제를 찾아보자."

"지구 안에 있다고? 우리도 지구 안에 있잖아. 그게 무슨 힌트라는 거지?"

"그러게. 힌트가 너무 애매하잖아."

룩희는 뾰족한 생각이 나지 않아 로비 여기저기를 어슬렁거렸다.

'지구 안에? 저기 지구본이 있네. 스페인이 어떻게 생겼나 한번 볼까?'

룩희가 스페인을 찾으려고 팽그르르 지구본을 돌렸다. 그러자 지구본 뒤쪽에서 빨간색 편지 봉투가 툭 떨어졌다.

"얘들아!"

"룩희야, 무슨 일이야?"

"문제를 찾았어! 나 정말 운이 좋은가 봐!"

룩희의 말을 듣고 상남이가 냉큼 달려가 빨간 봉투를 주워들었다. 상남이가 봉투를 여는 순간 멍지가 다가와 봉투 안에서 손바닥만 한 종이를 꺼냈다. 네모난 종이에 짧은 문제가 적혀 있었다.

TV쇼 지구 여행단
"지구가 둥글다는 증거를 찾으시오."

제한 시간 : 세비야를 떠나는 날 아침 식사 전까지

* 단, 지구의 위성 사진을 증거로 제시하는 것은 안 됩니다.

그림자로 지구 크기를 재어라!

"이게 문제구나. 지구가 둥글다는 건 내 동생도 다 알아. 그런데 무슨 증거가 필요하지?"

"그러게. 위성 사진이 안 되면 대체 뭘로 증거를 대지?"

"어이쿠, 제한 시간이 세비야를 떠나는 날 아침이래. 내일이면 우리 떠나는 날 아니니?"

"그러게. 시간이 많은 건 아니구나."

아이들은 일단 숙소를 나와 세비야의 과달키비르 강가에 모여 앉았다. 하지만 아이들은 문제를 풀어야 한다는 생각에 푸른 강의 멋진 풍경을 제대로 즐길 수 없었다.

"너무 당연해서 이유를 찾을 수가 없어."

"우리 이러다가 여기서 바로 한국으로 돌아가는 거 아닌가?"

다들 걱정을 늘어놓는데 멍지 혼자 작게 노래를 흥얼거리고 있었다.

"앞으로 앞으로 앞으로 앞으로! 지구는 둥그니까 자꾸 걸어 나가면 온 세상 어린이를 다 만나고 오겠네."

"멍지야, 넌 걱정도 안 돼?"

상남이가 멍지를 보고 한숨을 쉬며 물었다.

"아니, 지구가 둥근 증거에 대해 생각하다 보니까 자연스럽게 이 노래가 생각나서."

"그래, 맞아! 그 노랫말처럼 계속 앞으로 항해해서 정말로 세계 일주를 한 사람이 있긴 하다. ★마젤란!"

31

룩희가 자신 있는 목소리로 말했다.

"와, 너 그런 것도 알아?"

상남이가 룩희의 말에 놀라고 있을 때 지성이가 말을 꺼냈다.

"룩희야, 마젤란이 세계 일주를 시도한 것은 맞아. 하지만 세계 일주 중에 죽고 말았대. 마젤란의 일행 중 몇몇이 살아 돌아왔으니 마젤란의 일행이 세계 일주를 했다고 하는 게 맞을 거야."

"정말 지성이 넌 아는 게 많구나. 그럼 마젤란과 그 일행은 지구가 둥글다는 증거를 직접 보여 준 거나 마찬가지네!"

놀란 멍지를 보고 지성이가 말을 이었다.

"우리가 앉아 있는 이곳 과달키비르 강에서 마젤란이 세계 일주를 시작했어. 게다가 ⭐ 콜럼버스가 신대륙을 찾기 위해 항해를 시작한 곳도 이곳이야."

"와, 진짜? 우리의 첫 여행지가 왜 이곳 세비야인지 알겠다. 역사적인 항해가 시작된 곳이었구나. 지성아, 더 생각나는 거 없어? 이야기하다 보면 문제를 풀 방법이 떠오를 것 같기도 한데."

멍지가 다시 물었다.

⭐ **마젤란**
마젤란 해협을 발견한 스페인의 항해가. 최초의 지구 일주 항해선을 지휘했다.

⭐ **콜럼버스**
인도를 찾아 항해를 떠난 이탈리아의 탐험가. 대서양을 항해하여 아메리카에 도착했다.

그림자로 지구 크기를 재어라!

"음, 글쎄? 아주 옛날 사람들은 지구가 둥글다는 걸 몰랐다고 하더라. 그래서 바다 끝은 낭떠러지라고 생각했대. 지구가 워낙 커서 우리가 서 있는 땅도 평평하게 보이잖아. 그러니 그렇게 착각할 만하지."

지성이의 말에 상남이가 중얼거렸다.

"바다 멀리서 배가 다가올 때 돛대 끝부터 서서히 모습이 드러나는 걸 보면 알 수 있었을 텐데."

"그래? 상남아, 넌 어떻게 그런 걸 알아?"

"우리 집 앞이 바다라서 심심할 때면 망원경으로 항구에 배가 들어오는 모습을 보거든. 멀리서 배가 다가올 때 처음에는 돛대 끝이 보이고, 배가 가까이 올수록 그 아래 부분이 드러나."

"맞다. 상남이가 부산 사나이였지. 이거 지구가 둥글다는 정확한 증거 아니니?"

룩희가 무릎을 치며 말했다.

"그럼 우리 배를 타고 바다로 나가서, 멀리서 오는 배의 모습을 사진으로 찍을까?"

멍지가 자리에서 벌떡 일어났다.

"멍지야, 우리에게 남은 시간이 별로 없어. 몇 시간 뒤면 해가 질 거거든. 바다로 나가기에는 시간이 부족할 거야."

상남이의 말에 아이들의 표정이 시무룩해졌다. 룩희가 조심스레 말문을 열었다.

그림자로 지구 크기를 재어라!

"얘들아, 그 문제는 내일 생각하고, 오늘은 세비야 시내를 둘러보자. 처음이자 마지막 여행지가 될 수도 있으니까. 혹시 알아? 내일 아침에 갑자기 방법이 생각날지."

"그래."

아이들은 잠시 문제를 잊고 세비야 시내를 둘러봤다. 이국적인 풍물을 구경하며 돌아다니는 사이 어느덧 해가 지기 시작했다.

"얘들아, 벌써 땅거미가 지고 있어. 어? 그런데 저기 달 좀 봐."

아이들이 하늘을 올려다보니 상남이의 말대로 달의 모습이 조금 달랐다.

"세비야에서는 달도 색다르구나."

룩희가 달을 보며 중얼거리자 상남이가 말했다.

"잘 보면 한쪽은 어둡고 한쪽은 밝아. 좀 이상하지 않니?"

"내가 아까 올려다봤을 때는 분명 보름달이었어. 그런데 지금은 반달도 아니고 초승달도 아닌 것이 조금 이상하다. 달의 모습이 하루 중에 저렇게 변할 수도 있나?"

멍지도 고개를 갸웃거렸다. 달에서 눈을 떼지 못하던 지성이가 잠시 후 무언가 떠오른 듯 손가락을 튕겼다.

"얘들아, 저건 월식 현상이야. 한국에 있었으면 뉴스를 보고 알았을 텐데, 여행 중이라 월식이 오늘 밤에 나타나는지도 몰랐네. 우리 정말 운이 좋다. 월식도 보고 말이야."

"월식이 뭐야?"

"월식은 지구의 그림자에 달이 가려지는 현상이야. 말로만 설명하기에는 조금 복잡한데, 잠깐만."

지성이가 가방에서 메모지랑 연필을 꺼내 들더니 그림을 그리기 시작했다. 태양 주변을 도는 지구와, 지구 주변을 도는 달의 그림이었다.

"여길 봐. **지구는 1년에 한 바퀴 태양의 주변을 돌아. 그리고 달은 한 달에 한 바퀴 지구의 주변을 돌지.**"

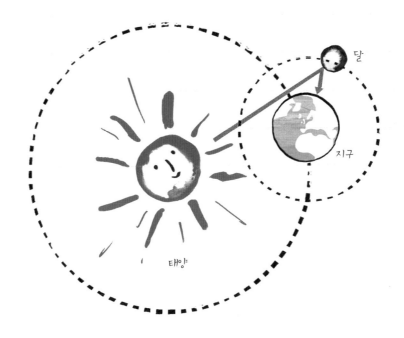

태양

달

지구

"나도 알아. 햇빛이 달에 반사되어 달이 우리 눈에 보이는 거잖아."

멍지가 말했다. 지성이가 고개를 끄덕이고 말을 이었다.

"그래. 그런데 달이 지구를 돌 때 지구의 그림자가 달에 드리워질 때가 있어. 이 그림처럼 말이야."

"정말 지구의 그림자가 달에 걸렸네."

멍지가 지성이의 그림을 자세히 들여다봤다.

"응. 이렇게 지구의 그림자 때문에 달이 가려져 보이는 게 월식이야. **달의 일부가 가려지면 부분 월식, 전부가 가려지면 개기 월식**

1. 그림자가 둥근 지구

월식이 생기는 원리

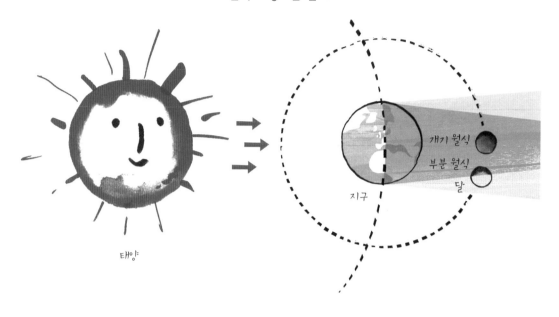

이라고 해."

"그렇구나. 지금은 부분 월식이 일어났네. 흔한 일이 아니니까 기념사진이라도 찍어 둬야지."

룩희가 나서서 월식 모습을 디지털 카메라에 담고 아이들을 둘러봤다.

"애들아, 우리도 기념사진 한 장 찍을까? 바로 인화되는 폴라로이드 카메라도 있어."

"그래."

"어두우니까 이쪽 밝은 곳에서 찍자. 여기 모여 봐."

아이들이 식당 앞에 환하게 켜 놓은 전등 아래로 모였다. 상남이, 지성이, 멍지, 룩희가 전등을 등지고 나란히 섰다. 그런데 룩희의 폴라로이드 카메라가 아이들의 발밑을 향하고 있었다.

"룩희야, 왜 땅을 보고 있어? 어서 지나가는 사람에게 찍어 달라고 하자."

상남이가 룩희를 불렀지만, 룩희는 대답도 없이 땅바닥을 향해 셔터를 눌렀다.

'찰칵! 위잉.'

"룩희야, 대체 어딜 찍은 거야? 바닥에 뭐가 있어? 혹시……?"

"그림자!"

멍지와 룩희가 동시에 외쳤다. 상남이와 지성이는 아직도 어리둥절한 표정이었다.

"뜬금없이 그게 무슨 소리야? 그림자라니?"

상남이도 고개를 갸우뚱하면서 발밑을 내려다봤다. 아이들 뒤의 전등 불빛 때문에 발 아래 각자의 그림자가 드리워져 있었다.

"내 옆에 곱슬머리 지성이, 그 옆에 삐삐머리 멍지. 이 그림자?"

"응, 맞아. 너희들."

"이게 그렇게 놀라운 일이야? 재밌긴 하다. **그림자만 봐도 누군지 알 수 있으니까.**"

상남이의 말에 룩희가 미소를 지었다.

"바로 그거야. 그림자만 봐도 누구인지 알 수 있잖아. 그림자는 원래 물체의 모습과 닮았으니까."

"그런데?"

상남이가 계속 묻자 이번에는 멍지가 나섰다.

"아직도 감이 안 오니? 우리가 아까 본 **월식도 지구의 그림자가 드**

그림자와 실제 모습이 닮았어.

그림자로 지구 크기를 재어라!

리워진 거였어. 그런데 그 그림자의 끝 부분이 둥글잖아. 한마디로, 그림자를 보고 지구의 모습이 둥글다는 걸 알 수 있어!"

"둥근 지구의 그림자는 당연히 둥그니까!"

지성이가 고개를 끄덕였다.

"우리가 찍은 월식 사진이 퀴즈의 답이 될 수 있을까?"

룩희가 카메라에 담긴 달 사진을 다시 돌려 보며 물었다. 지성이가 사진 속 달의 모습을 더 자세히 들여다봤다.

"지구가 커서 원이 다 드러나진 않지만 원의 일부분인 건 분명해."

"무슨 근거로?"

상남이는 여전히 모르겠다는 표정이었다.

"그림자의 테두리가 직선이 아니라 곡선이잖아!"

"맞아. 완만하긴 하지만 분명 곡선의 일부야."

"아, 그렇구나."

상남이도 사진을 다시 보고 고개를 끄덕였다.

"정확한 증거인 것 같아."

"아, 오늘 밤은 편하게 잘 수 있겠다."

아이들은 뿌듯한 마음으로 숙소로 돌아가 잠을 청했다. 늦은 시각까지 돌아다니느라 피곤했는지 모두들 금세 깊은 잠에 빠져들었다.

"부에노스 디아스. 어, 일찍들 내려오네요?"

다음 날 아침, X맨은 생각보다 빨리 나타난 아이들을 보고 놀랐다. 아이들은 정답을 빨리 말하고 싶어서 입이 근질거렸다.

"문제를 해결했나요? 표정을 보니 뭔가 알아낸 모양인데."

X맨의 말이 끝나기 무섭게 룩희가 월식을 찍은 카메라를 내밀었다.

"흠. 지구가 둥글다는 증거를 가져와야 하는데 웬 달 사진이죠?"

"이건 그냥 달 사진이 아니라 월식의 모습이에요. 달에 드리워진 지구의 그림자를 보세요. 끝 부분이 직선이 아닌 곡선입니다. 즉, 지구가 둥글다는 뜻이에요."

룩희가 자신 있게 말했다.

그림자로 지구 크기를 재어라!

"정답입니다. 허허, 제법이네요. 힌트를 주기 위해서 일부러 스페인에서 월식이 관측되는 날에 맞춰 이곳에 도착한 거랍니다. 하지만 월식을 보고 단번에 알아낼 줄은 예상치 못했네요."

X맨이 얼떨떨한 표정으로 말했다.

"여러분은 다음 여행지로 갈 자격이 충분해요. 오늘이 스페인에서의 마지막 날이니 맛있는 요리를 대접하죠. 플라멩코 공연도 보고요. 그리고 저녁에 다음 여행지로 가겠습니다."

"와! 우리가 정답을 맞혔어!"

"다음 여행지는 어딜까?"

아이들이 신나게 떠들며 X맨을 따라갔다.

지구가 둥글다는 증거

옛날 사람들이 생각하는 세상은 평평했습니다. 고대 수메르인들은 평평한 땅 위에 둥근 천장이 있고, 태양과 달, 별과 같은 천체가 그 사이에서 운동한다고 생각했어요. 고대 인도에서는 커다란 뱀 위에 거북이 올라앉고, 그 위에 네 마리의 코끼리가 세상을 떠받들고 있는 모습을 상상했습니다. 고대 이집트인들은 하늘의 여신 누트가 평평한 땅을 하늘처럼 감싸고 있다고 생각했어요. 누트가 매일 저녁 태양을 삼키고 새벽에 토해 내서 낮과 밤이 생긴다고 믿었지요. 고대 중국에서도 '하늘은 둥글고 땅은 각지다'는 생각이 뿌리 깊게 자리하고 있었답니다. 그래서 배를 타고 바

고대 수메르인(왼쪽), 인도인(가운데), 이집트인(오른쪽)이 상상한 세계의 모습

다 멀리로 나아가면 언젠가 낭떠러지 아래로 떨어지는 줄 알았다고 해요.

하지만 사람들은 차차 천체의 움직임을 통해 지구의 형태를 추측하기 시작했어요. 월식 때 달 표면에 생긴 지구의 둥근 그림자를 관찰한 학자는 그리스의 아리스토텔레스입니다. 달에 드리워진 지구의 그림자가 곡선인 것을 보고 지구가 둥글다고 추측한 것이에요. 배가 항구로 들어올 때 돛대가 먼저 보이는 것도 지구가 둥글다는 대표적인 증거입니다. 만약 지구가 평평하다면 배의 전체 모습이 작게 보이다가 다가올수록 커질 테니까요.

그때까지도 사람들은 지구가 둥글다는 추측에 대해 믿음 반 의심 반이었다고 해요. 이후 1492년 콜럼버스가 신대륙을 발견하고 1522년 마젤란의 일행이 세계 일주에 성공하자, 그제야 대부분의 사람들이 지구가 둥글다는 확신을 갖게 되었습니다.

배가 다가올 때 돛대 끝부터 보이는 이유

2

늘었다 줄었다 하는 그린란드

스페인에서 문제를 멋지게 해결한 네 아이들은 앞으로의 여행에 자신감이 생겼다. 다음 여행지로 떠나기 위해 공항에 도착하니 X맨이 기다리고 있었다.

"X맨, 안녕하세요. 언제부터 공항에 와 계셨어요? 부지런하시네요."

붙임성 좋은 멍지가 X맨에게 인사를 건넸다. X맨은 여전히 커다란 선글라스를 쓴 모습이었다.

"멍지 학생, 안녕. 여러분 모두 안녕. 새로운 여행지로 떠날 준비가 되었나요?"

"네! 자신 있어요."

그때 상남이가 X맨을 찬찬히 살펴보며 말문을 열었다.

"그런데 왜 카메라는 없어요? TV에 나오는 거면 카메라로 촬영
하셔야 하지 않나요?"

"아, 카메라는 이미 설치되어 있어요."

X맨이 조금 떨리는 목소리로 말했다.

"정말요?"

"어디에요?"

X맨의 말에 아이들이 일제히 고개를 두리번거렸다. 멍지와 룩희
는 공항 벽과 의자 밑을 들여다보고, 지성이는 천장을 올려다봤다.

카메라는
어디
숨겨 놨어요?

2. 늘었다 줄었다 하는 그린란드

상남이는 의심쩍은 듯 X맨을 살폈다. 그리고 스마트폰을 꺼내 첨단 카메라의 종류를 검색하기 시작했다. 그러자 X맨이 당황한 목소리로 아이들을 말렸다.

"그렇게 카메라를 의식하면 TV에 어색하게 나옵니다. 첨단 초소형 카메라를 곳곳에 설치해 놨으니 자연스럽게 행동하세요."

"아, 그런 카메라가 있다니 신기해요. 어디 숨겼는데요? 나중에 꼭 보여 줄 거죠? 네?"

아이들이 떠들썩한 동안에도 상남이는 여전히 X맨을 흘겨보고 있었다.

'뭔가 숨기는 것 같단 말이야.'

"흠흠. 자, 카메라는 잊으시고. 이번에는 문제를 먼저 주도록 하겠어요."

X맨이 재빨리 말을 돌렸다.

"어? 이번에는 문제를 찾지 않아도 되는 거예요?"

"이번엔 두 문제를 풀어야 해요. 문제 하나는 그냥 알려 드릴게요. 다음 문제만 찾으면 됩니다. 첫 번째 문제는 어렵지 않으니 긴장하지 마세요."

"X맨, 너무해요!"

"한 문제도 어려운데."

아이들이 투덜거렸지만 X맨은 씨익 웃을 뿐이었다. 그리고 준비

그림자로 지구 크기를 재어라!

해 둔 빨간 봉투를 내밀었다.

"저는 저쪽 발권 창구에서 기다리겠습니다."

아이들은 불평할 새도 없이 허겁지겁 봉투를 열었다.

TV쇼 지구 여행단
"세계에서 가장 큰 섬으로 찾아오시오."

제한 시간 : 지금으로부터 10분

항공권 발권 창구에 가서 올바른 이름을 말하면 다음 여행지로 향하는 항공권을 줍니다. 단, 틀린 이름을 말하면 한국으로 돌아가는 항공권을 줍니다.

"응? 이거 너무 쉬운 문제 아니야?"

상남이가 문제를 읽자마자 자신감에 찬 목소리로 말했다.

"상남아, 너 답을 알고 있어?"

"그냥 세계 지도 펼치고 제일 큰 섬을 찾으면 되잖아. 세계 지도보다 정확한 게 어디 있겠어."

"아하, 그렇구나! 빨리 찾아보자. 10분 내에 문제를 해결해야 해. 다들 세계 지도 가져왔지?"

아이들은 각자 가지고 온 세계 지도를 꺼내 펼쳐 봤다. 세계 여행을 꿈꾸던 친구들이라 전에도 세계 지도를 자주 봤지만, 지금처럼 집중해서 보는 것은 처음이었다. 그때 룩희가 고개를 갸웃거렸다.

"그런데 멍지야, 네 지도랑 내 지도가 좀 다르다."

"뭐가?"

그림자로 지구 크기를 재어라!

"네가 가져온 지도는 네 귀퉁이가 네모나. 그런데 내 지도는 귀퉁이가 모두 둥글게 돼 있어."

"어라, 왜 다르지?"

멍지의 지도는 직사각형 모양인데, 룩희의 지도는 타원에 가까운 모습이었다. 멍지와 룩희의 대화를 듣고 지성이도 자신의 지도를 펼쳤다.

"얘들아, 내 지도는 더 이상해."

룩희와 멍지가 지성이의 지도를 함께 들여다봤다. 지성이의 지도는 끝 부분이 마치 잘라 놓은 듯 불규칙했다.

"어? 지성아, 네 지도 원래 그렇게 생겼어?"

"뭔가 이상한 것 같아. 내 것으로 같이 보자."

"그, 그래."

지성이가 머리를 긁적이며 가져온 지도를 다시 말아 두었다.

"벌써 5분 지났어. 지도는 나중에 생각하고 일단 세계에서 가장 큰 섬을 찾아야 해."

상남이가 아이들을 재촉했다.

"그린란드가 제일 큰데. 북극 가까이에 있는 섬. 보여?"

멍지가 지도에서 그린란드를 가리키며 외쳤다. 함께 지도를 보던 지성이도 고개를 끄덕였다. 룩희도 자신의 지도에서 그린란드를 찾아서 멍지의 지도 옆에 가져다 댔다.

　"나도 찾았어, 그린란드. 그런데 **멍지야, 네 지도에 그려진 그린란드보다 내 지도에 그려진 그린란드가 조금 작다.**"

　룩희의 지도에 그려진 그린란드는 멍지의 지도에 그려진 그린란드보다 좀 작았다. 아이들은 두 지도를 놓고 고민에 빠졌다. 시간은 계속 흐르고 있었다.

　"흠…… 지도에 표시된 섬 중에서는 그린란드가 가장 큰 것 같은데. 오스트레일리아가 있는 오세아니아도 크지만 거긴 대륙이니까."

그림자로 지구 크기를 재어라!

룩희의 말에 상남이가 큰 결심을 한 듯 고개를 끄덕였다.

"우리 우선 그린란드라고 말해 보자. 두 지도에서 그린란드의 크기가 다르지만, 다른 섬보다 큰 건 확실한 것 같아. 어차피 더는 시간이 없어. 시간이 지나면 우리 모두 집으로 돌아가야 해."

시계를 보니 1분도 채 남지 않았다. 아이들은 헐레벌떡 비행기 표 발권 창구로 달려갔다. 창구 직원이 시계를 보면서 아이들을 맞이했다.

"어디로 가시겠어요?"

"그린란드요!"

아이들이 입을 모아 큰 소리로 대답하자, 창구 직원이 빙긋 웃으며 비행기 표가 담긴 봉투를 내밀었다. 설레는 마음으로 항공권을 꺼내 보니 다음 목적지는 바로, 그린란드였다. 아이들이 함께 환호성을 질렀다.

"와! 정답을 쉽게 맞혔어."

"행운이 따르는데!"

"북극 가까이에 있는 그린란드로 가는 거야?"

"와, 신난다!"

아이들이 상기된 얼굴로 비행기로 향했다.

하지만 그린란드로 가는 과정은 쉽지 않았다. 아이들은 긴 시간

동안 비행기를 몇 번이고 갈아타느라 지쳐 갔다. 마지막으로 갈아
탄 소형 비행기는 계속 흔들려서 잠시도 편안히 있을 수가 없었다.

"비행기가 너무 흔들려. X맨, 우리 무사히 도착할 수 있을까요?"

지성이가 겁에 질린 목소리로 물었다.

"걱정 말아요. 도전해야 멋진 경험을 할 수 있답니다."

X맨이 지성이의 등을 토닥여 줬다.

그린란드 캉에를루수아크

공항에 내리자 쌀쌀한 공기가 감돌았다.

"으아, 공기가 차다. 외투를 걸쳐야겠어."

"빙하만 있을 줄 알았는데 파릇파릇한 풀도 보여."

그림자로 지구 크기를 재어라!

아이들이 외투를 걸치며 주변 풍경을 돌아보았다. 언덕에 초록색 풀밭이 보였다.

"북극과 가까워서 기온이 낮지만 지금 그린란드의 계절은 여름입니다. 이곳에서 유일하게 풀을 볼 수 있는 계절이죠."

X맨도 얇은 바바리코트를 여미며 말했다.

"아, 한겨울에 오지 않은 게 그나마 다행이네요."

"극지방에 오는 게 흔한 경험은 아니죠. 오늘 더 특별한 경험을 많이 하길 바랍니다. 우선 숙소로 가죠."

아이들은 서둘러 숙소에 들어가 짐을 풀었다. 긴 비행 후라 쉬고 싶은 마음이 간절했다. 따뜻한 차를 마시며 몸을 녹이고 있는데 어느새 X맨이 나타났다.

"여러분, 이렇게 늘어져서 쉬고 있을 때가 아닙니다. 찍어서 답을 맞춘 거 다 압니다. 여러분도 알고 있듯이 시간 제한이 있어요. 어서 두 번째 문제를 찾고 해결해야 아름다운 그린란드를 여행하고 다른 나라로 갈 수 있어요."

"그린란드는 생각만큼 아름답지 않은 것 같은데요."

상남이가 중얼거렸다.

"그렇지 않아요. 여러분이 공항에서 본 그린란드는 빙산의 일각에 불과해요."

"지성아, 빙산의 일각이 무슨 말이야?"

멍지가 지성이에게 물었다.

"빙산은 빙하에서 떨어져 나와 호수나 바다를 흘러 다니는 얼음 덩어리야. 덩어리 대부분이 물에 잠겨 있어서, 우리 눈에는 전체 빙산 중 아주 작은 부분이 보일 뿐이지. 빙산의 일각이라는 말은 우리가 전체를 보지 않고 일부분만 봤다는 거야."

"조금 이해가 되네. 쉬운 말로 하면 되지."

X맨이 그린란드에 대한 이야기를 계속했다.

"이번 문제는 그린란드에서 유네스코 세계 자연 유산으로 지정된 곳에 숨겨 놨습니다."

"유네스코 세계 자연 유산? 검색해 보자."

상남이가 스마트폰으로 '그린란드 세계 자연 유산'을 검색하니 여러 장의 '일룰리사트' 사진이 떴다.

★ **일룰리사트**
그린란드의 서해안에 있는 얼음 피오르(빙하가 만든 골짜기에 바닷물이 들어온 계곡)

"그린란드 ★ 일룰리사트! 여기가 세계 자연 유산이네. 여기 있는 빙하는 하루에 19미터를 미끄러져 움직인대."

"정말? 빙하가 움직여?"

"직접 보고 싶어요. 어서 가요, X맨."

상남이와 멍지가 X맨의 팔을 잡고 졸랐다.

"좋아할 줄 알았습니다. 출발하죠."

그린란드 일룰리사트의 마을은 걸어서도 충분히 갈 수 있었다.

그림자로 지구 크기를 재어라!

얼음이 둥둥 떠 있는 바다를 보며 걷는 것도 특별한 경험이었다. 드디어 일룰리사트의 멋진 광경이 눈에 들어왔다.

"배에 올라타죠."

배를 타고 가까이 가서 본 빙하의 광경에 아이들의 입이 저절로 벌어졌다. 그때 멍지가 전에 봤던 것과 똑같은 빨간 봉투를 발견했다.

"애들아, 저기 얼음 위에 빨간 봉투!"

"정말!"

멍지가 손을 뻗어 봉투를 집었다.

2. 늘었다 줄었다 하는 그린란드

TV쇼 지구 여행단
"늘어났다 줄어들었다 하는 나라를 찾으세요."

제한 시간 : 태양이 바다에 가장 가까이 있을 때까지

X맨에게 올바른 이름을 말하면 다음 여행지로 향하는 항공권을 줍
니다. 단, 틀린 이름을 말하면 한국으로 돌아가는 항공권을 줍니다.

"세상에 늘어났다 줄어들었나 하는 나라도 있어?"

상남이가 말도 안 된다는 표정을 지으며 물었다.

"그러게 말이야. 제한 시간도 이상해. 태양이 바다에 가장 가까이
있을 때라니!"

룩희도 기가 막힌다는 표정을 지었다.

"제한 시간은 아무래도 지금부터 해가 질 때까지를 이야기하는
것 같아. 해질 무렵 바닷가에 가면 해가 바다에 빠지는 것처럼 보이
거든. 그러니까 태양이 바다에 가장 가까이 있을 때는 해가 질 때이
겠지."

지성이가 제한 시간에 대한 궁금증을 풀어 주었다.

"그럼 시간이 얼마 안 남았겠네. 해가 보통 저녁 7~8시 정도면 지기 시작하지 않니? 그럼 이번에도 시간이 촉박하네."

멍지가 아이들에게 물었다. 그 말을 들은 아이들의 얼굴에 걱정이 스쳤다. 하지만 X맨의 표정은 태평스러웠다.

"그런데 여러분, 너무 모르는 것 같아서 말해 주는 건데, 지금 이미 오후 9시가 넘었습니다."

"네? 그게 무슨 소리예요? 이렇게 밝은데. X맨은 은근히 우리를 방해하는 것 같아."

룩희가 X맨을 흘겨보며 말했다. 상남이는 그사이에 X맨이 차고 있는 손목시계를 훔쳐봤다. X맨의 손목시계가 오후 9시 10분을 나타내고 있었다.

"룩희야, X맨의 말대로 지금 오후 9시가 넘었어. 이 시계가 고장 난 게 아니라면 말이야."

"이 시계는 그린란드에 도착하자마자 그린란드 시간으로 맞춘 겁니다. 틀릴 리가 없죠."

"말도 안 돼요. 오후 9시가 넘었는데 어떻게 이렇게 밝을 수 있어요?"

"그건 여러분 스스로 생각해야죠. 흔히 볼 수 없는 광경이니 잘 감상해 보세요. 정말…… 환한 밤이네요."

X맨이 희미한 햇빛을 정면으로 바라보며 말했다. 아이들은 여전

히 믿을 수 없다는 표정으로 X맨의 시계와 희미한 햇빛을 번갈아 쳐
다보고 있었다. 한참 뒤, 잠자코 고민에 빠져 있던 지성이가 외쳤다.

"환한 밤, 백야!"

"백야?"

지성이의 말에 아이들이 고개를 갸웃했다. X맨만 고개를 끄덕였다.

"맞아요, 백야. **극지방에 가까운 지역에서는 여름에 24시간 동안 해
가 지지 않는 백야 현상을 경험하지요. 24시간 내내 해가 지지 않고
낮이 계속된답니다.**"

"하루 종일 낮이라니, 어떻게 그런 일이 가능해요?"

백야가 생기는 원리

24시간
해가 비추는 곳

23.5°

자전축

"지구가 기운 채 공전과 자전을 하기 때문에 밤이 되어도 해가 지지 않는 백야 현상이 생깁니다. 지구 자전축은 23.5도 기울어져 있는데 북극에서는 여름에 자전축이 태양 쪽으로 기울어져 있어요. 그래서 지구가 한 바퀴 자전하는 동안 햇빛을 계속 받아, 밤에도 어두워지지 않고 계속 환하답니다. 이런 백야 현상은 극지방에 가까울수록 더욱 뚜렷하지요."

"그럼 우리의 제한 시간은 어떻게 되는 거지?"

"계속해서 해가 지지 않는다면 제한 시간도 없는 거 아냐?"

"설마 그럴 리가."

아이들이 계속 고민하자 X맨이 나섰다.

"음, 아무래도 너무 어렵나요? 아, 이러면 안 되는데……. 알겠습니다. 이건 제가 도움말을 드리죠."

아이들이 놀란 표정으로 X맨에게 집중했다.

"해가 지지는 않지만 바다와 가장 가까워지는 때는 있답니다. 낮 12시에 태양이 가장 높이 뜨죠? 반대로 생각해 보세요. 언제 태양이 가장 아래로 내려갈까요?."

"아, 그렇군요. 그럼 밤 12시쯤이겠네요. 우리에게 2시간 반 정도 시간이 있어."

"우선 배에서 내려서 따뜻한 데로 가자."

"그래요. 여러분에게 시간이 필요할 것 같네요. 숙소에 과일을 준비해 놨으니 먹고 쉬면서 잘 생각해 보세요. 저는 그동안 얼음낚시를 즐기고 있겠습니다."

"와, 정말요? 안 그래도 배고파서 아무 생각도 안 났는데!"

배에서 내리자마자 아이들은 숙소를 향해 달렸다.

"먹을 게 뭐가 있지?"

가장 먼저 숙소에 도착한 멍지가 냉장고를 뒤졌다.

"와, 굴이 많이 있네. 굴부터 먹자."

멍지가 냉장고에서 굴이 든 봉지를 꺼냈다. 아이들은 거실 한가운데에 문제가 담긴 봉투를 놓고 동그랗게 둘러앉았다.

상남이가 귤 봉지를 받아 지성이와 룩희에게 귤을 던져 줬다. 아이들은 누가 먼저랄 것 없이 허겁지겁 귤을 까먹었다. 바닥에 아이들이 까 놓은 귤껍질이 수북해졌다. 새큼한 귤 향기가 방 안에 가득했다.

"아, 맛있다. 우리 이제 문제에 대해서 생각해 볼까?"

상남이가 귤 두 개를 허공에 던지며 말했다.

"늘어났다 줄어들었다 하는 나라가 대체 어디 있어? 지도 속 그림이 변할 리도 없고."

멍지가 문제를 들여다보며 중얼거렸다.

"그런데 우리 그린란드로 오기 전 일 기억나니? 모두 다른 지도를 가지고 있었던 것 같아. 특히 지성이는 찢어진 것 같은 지도를 가져왔는데."

룩희의 말에 상남이가 끼어들었다.

"나는 지성이의 지도를 못 봤어. 지성아, 어떻게 생겼는데?"

지성이가 말아 놓았던 지도를 다시 펼쳤다.

"이게 뭐야? 너 혹시 지도를 직접 그린 거야? 끝 부분이 왜 이렇

2. 늘었다 줄었다 하는 그린란드

게 생겼어?"

"글쎄, 나도 잘 모르겠어. 그저 세계 지도를 구해 왔을 뿐인데."

"게다가 지성이의 지도는 룩희의 지도보다 그린란드의 크기가 더 작아."

상남이와 지성이, 멍지는 지도를 보고 고개를 갸웃거렸다. 룩희는 그사이 쓰레기 봉투를 가져와 바닥에 쌓인 귤껍질을 담기 시작했다.

"우선 바닥을 치우고 우리들의 지도를 다 펼쳐 보자. 상남아, 네 앞에 있는 껍질도 이리 줘."

"그래, 여기. 어? 잠깐만!"

룩희가 손을 내밀었지만 상남이의 손은 허공에 멈췄다.

"왜 그래? 이리 줘."

아이들이 모두 상남이를 바라봤다. 상남이의 눈은 귤껍질에 고정되어 있었다.

"이 귤껍질 모양을 봐. 지성이가 가져온 지도랑 비슷하지 않니? 자세히 봐 봐."

멍지가 상남이에게 귤껍질을 건네받아 펼쳐 들었다.

"정말 비슷하네. 그런데 그게 왜?"

"그냥 우연히 같은 거 아니야?"

멍지와 룩희가 어리둥절한 표정으로 물었다. 상남이가 씨익 웃으

며 말을 이었다.

"이 귤껍질이 감싸고 있던 귤의 모양을 생각해 봐. 공처럼 둥근 귤! 지구도 마찬가지야. **공처럼 둥근 지표면을 평평한 종이에 나타낼 수 있을까? 아마 공처럼 생긴 지구본이 가장 정확한 지도일 거야.** 여기 봐. 우리가 까먹은 귤껍질도 완전히 평평하게 펼쳐지지 않잖아."

"정말이네. 귤이나 공의 껍질을 평평하게 펼치려면 조각조각 잘라야만 해. 조각을 많이 내면 지도에 나타난 나라들도 쪼개져야 하니 제대로 된 지도를 보기 어렵겠지. 더군다나 네모난 평면으로 나타내기는 더 어렵고."

"그럼 내 지도가 찢어진 게 아니었구나. 오히려 더 정확하게 곡면을 표현한 거였어."

룩희와 지성이가 한마디씩 더했다. 상남이가 고개를 끄덕였다.

"맞아. 지성이의 지도가 가장 정확하게 각 나라의 넓이를 나타내는 거지. 네모나게 그리려다 보면 좌우로 늘어날 게 분명하니까 말이야. 특히 꼭지 부분, 그러니까 지구 극지방은 더더욱 늘어났을 거야. 네모난 평면으로 나타낸 나머지 지도들은 극지방 주변의 땅을 양옆으로 많이 늘려서 표현할 수밖에 없었겠네."

가만히 듣고 있던 멍지가 이제야 알겠다는 듯이 말을 꺼냈다.

"그럼 지성이 지도의 그린란드 크기가 가장 정확하겠다. 내가 가

그림자로 지구 크기를 재어라!

져온 네모난 지도에는 그린란드가 실제보다 크게 그려져 있고. 와, 알겠어!"

룩희도 자신의 지도를 살펴보면서 말했다.

"내 지도는 네 귀퉁이를 곡선으로 만들어서 그 차이를 약간 줄인 거였어. 얘들아, 우리가 찾고 있는 늘어났다 줄어들었다 하는 나라가 그린란드 아닐까?"

"정말 그런 것 같아."

모두들 그럴듯하다는 듯이 고개를 끄덕였지만 지성이는 고개를 저었다.

"그린란드만 크기가 변하는 건 아니지. 그린란드가 특별히 차이가 나 보이긴 하지만, 극지방에 가까운 나라들은 모두 지도에서 좌우로 조금씩 늘어날 거야."

"그래, 지성이 말이 맞다. 그럼 어느 나라지?"

시간이 한참 지났지만 밖은 여전히 밝았다. 아이들은 아직 속 시원히 문제를 해결하지 못해 마음이 불편했다. 상남이가 창밖을 바라봤다.

"해가 바다에 점점 가까워지고 있어. 시간이 다 되어 가는 것 같아. 이제 정답을 말해야 할 것 같다."

"그래. 확실하진 않지만 고민한 결과를 답으로 말하자."

'똑똑!'

그때 노크 소리와 함께 X맨이 들어왔다.

"좀 쉬었나요? 아니면, 아직도 문제를 풀고 있나요? 이제 시간이 거의 다 되었는데요."

"쉬긴 어떻게 쉬어요? 이렇게 어려운 문제를 내다니, X맨 미워요."

"힌트를 많이 줬는데도 어려웠나요? 포기하는 건가요?"

"아니에요. 확실하지는 않지만 말할게요."

상남이가 나섰다.

"요술처럼 늘어났다 줄어들었다 하는 나라는 극지방 주변에 굉장히 많은데, 그중 지금 우리가 있는 그린란드도 늘어났다 줄어들었다 하는 나라예요."

조금은 자신이 없는 말투였다. 답을 들은 X맨이 알 수 없는 표정을 지었다. 아이들의 시선이 X맨의 입에 모였다.

"음. 여러분이 찾은 답은 정답이 아니……."

"정답이 아니라고요? 어흐흑……."

X맨의 말에 집중하고 있던 멍지가 울먹였다.

당황한 X맨이 재빠르게 멍지를 달랬다.

"아니, 멍지 학생! 장난친 거예요. 이야기를 끝까지 들어 봐요. 정답이 아니지 않기 때문에 다음 여행지로 갈 수 있는 비행기 표를 주겠어요."

X맨의 말이 끝나자마자 네 명의 아이들이 동시에 환호성을 지르

멍지의 메르카토르 도법 지도

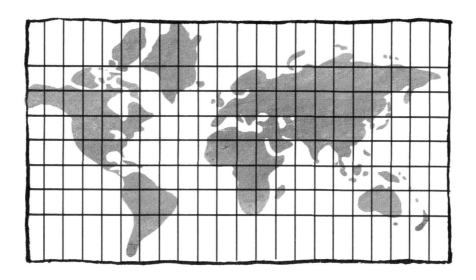

며 벌떡 일어났다.

　"여러분이 귤껍질 힌트를 잘 활용한 것 같네요. **지구는 둥근 공 모양이니까 당연히 지구의 각 나라들을 평면인 종이에 정확히 나타낼 수가 없지요.** 우리는 네모난 모양의 세계 지도에 익숙하지만 실제와 다른 부분이 많아요. 특히 이곳 그린란드는 실제와 지도의 모습이 크게 다릅니다. 멍지가 가지고 있는 지도부터 볼까요?"

　멍지가 모서리가 네모난 세계 지도를 바닥에 펼쳤다.

　"멍지의 지도는 메르카토르 도법으로 그린 것입니다."

　"이름이 어렵네요."

"좀 그렇죠? 메르카토르라는 사람이 1595년에 그린 지도인데, 이 지도 위에 출발지와 목적지를 직선으로 연결한 선을 따라 항해하면 정확한 목적지에 도착할 수 있어서 항해용으로 많이 쓰였어요. 그런데 지도가 나타내는 면적은 실제와 많이 다릅니다. 자, 명지의 지도에서 그린란드와 아프리카 대륙의 크기를 비교해 보세요."

"아프리카 대륙과 그린란드가 거의 비슷한 크기로 보여요."

명지가 자신 있는 목소리로 대답했다.

"그렇죠? 하지만 **실제로는 아프리카 대륙이 그린란드보다 14배 큽니다. 이 지도에는 그린란드가 실제보다 너무 크게 그려져 있어서 그런 착각을 일으키죠.**"

"그렇게 크게 차이 나요?"

상남이가 깜짝 놀라 되물었다.

"믿어지지 않나요? 그럼 지구본으로 확인해 보죠."

X맨이 지구본을 꺼내 그린란드와 아프리카 대륙을 가리켰다. 상남이가 지구본에 그려진 그린란드와 아프리카 대륙의 크기를 비교해 보고 고개를 끄덕였다.

"정말 메르카토르 도법 지도에서는 그린란드가 원래 크기보다 훨씬 크네요."

"정말 많은 차이가 나죠? 그린란드만 차이 나는 게 아니랍니다. 이 지도에서는 유럽 대륙이 남아메리카 대륙의 더 커 보이죠? 하지만 실제로는 남아메리카 대륙이 유럽 대륙의 2배입니다. 알래스카는 멕시코의 3배 크기로 보이지만 실제로는 멕시코가 더 크고요. 이런 차이는 남극이나 북극과 같은 극지방으로 갈수록 크게 나타나지요."

"평면 지도는 실제와 차이가 많이 나는군요. 그렇다면 왜 우리가 가지고 있는 지도가 다 다르죠?"

룩희가 물었다.

2. 늘었다 줄었다 하는 그린란드

상남이의 페터스 도법 지도

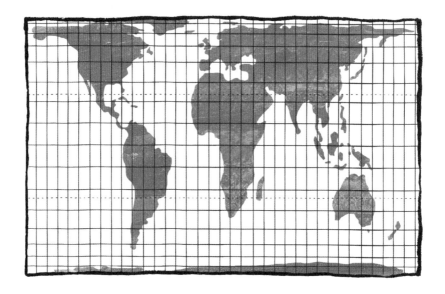

"사람들은 아주 오랜 옛날부터 정확한 지도를 그리기 위해 많은 노력을 해 왔어요. 여러분이 가지고 온 네 가지 지도는 그런 노력의 일부이지요."

"제가 가진 지도는 어떻게 그린 거예요?"

상남이가 재빠르게 물었다.

"페터스 도법으로 만든 지도입니다. 나라들을 조금 길쭉하게 늘여 놓은 것 같죠? 이 지도는 땅의 크기가 실제와 가까워요."

"제 거는요?"

룩희의 로빈슨 도법 지도

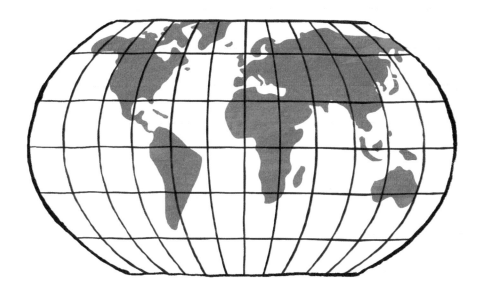

룩희도 타원형 지도를 내밀며 물었다.

"룩희가 가져온 것은 로빈슨 도법을 사용한 지도예요. 귀퉁이를 곡선으로 해서 땅의 크기뿐만 아니라 모양까지도 실제와 비슷하게 표현한 지도입니다."

"그래도 까놓은 귤껍질같이 생긴 지성이의 지도가 제일 정확하죠?" 룩희가 물었다.

"까놓은 귤껍질. 재밌는 표현이네요."

X맨이 웃으며 말을 이었다.

2. 늘었다 줄었다 하는 그린란드

지성이의 구드 도법 지도

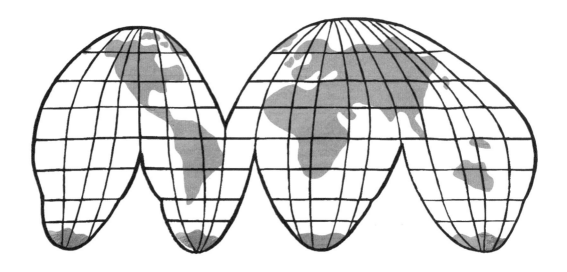

  "지성 학생의 지도는 구드 도법을 이용하여 그렸어요. 이 지도는 땅의 면적과 모양을 실제와 비슷하게 나타냈지만, 갈라져 있어서 항해를 할 때나 각 나라들의 관계를 볼 때는 이용하기가 어려워요. 지도마다 각각 장단점이 있습니다."

  "아, 상황에 따라 다른 지도가 필요하겠네요."

  상남이가 여전히 놀란 눈으로 말했다. 몰랐던 사실을 알게 된 지성이는 이 지도 저 지도를 번갈아 살펴보았다.

  "여러분! 이제 정말 해가 수면 가까이 내려왔네요. 여행을 계속하

그림자로 지구 크기를 재어라!

게 된 것을 축하합니다. 문제를 해결하느라 고생했으니 다음 여행
을 기대하며 편안하게 잠자리에 들도록 해요."

"네엣!"

모두들 한목소리로 우렁차게 대답했다.

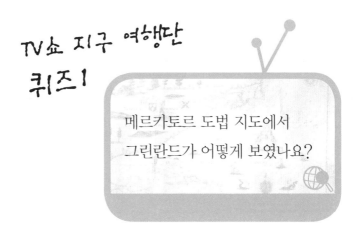

TV쇼 지구 여행단 퀴즈!

메르카토르 도법 지도에서
그린란드가 어떻게 보였나요?

3

지구에 그린 격자무늬

모두들 단잠을 자고 일어났다. 아이들은 그린란드의 신비로운 풍광을 뒤로하고 다음 여행을 위해 짐을 챙겨 나왔다. 먼저 공항에 나와 있던 X맨이 아이들을 맞이했다.

"여러분, 좋은 꿈 꿨나요? 시간이 얼마 없으니 바로 출발하도록 하겠습니다. 다음 여행지는 신사의 나라 영국입니다. 영국에서 만나죠."

영국 런던

런던에 도착하니 영국만의 색다른 공기가 느껴졌다. 영국 개트윅 국제공항에서도 역시나 X맨이 먼저 도착해 있었다.

"X맨은 어떻게 이렇게 빨리 왔어요?"

룩희가 먼저 X맨에게 인사를 건넸다.

"아, 여럿이 비행기를 함께 타는 건 별로라서······."

"왜요? 같이 타면 얼마나 재밌는데요. 그럼 개인용 비행기가 있어요? X맨은 엄청난 부자인가 봐요."

"그게 아니고······. 저기 다른 친구들도 오네요. 이리로 오세요, 여러분."

X맨이 당황하며 말을 돌렸다. 아이들이 모이자 X맨이 말을 이었다.

"극지방에 갔다가 도시에 오니 기분이 새롭죠? 영국은 유럽 대륙 옆에 있는 섬나라예요. 신사의 나라로도 유명합니다. 영국의 수도인 런던에는 볼 것들이 아주 많아요. 오늘은 런던 시내를 자유롭게 관광하세요. 런던 근교에 여러분과 꼭 가 보고 싶은 곳이 있습니다. 거기는 내일 함께 가 볼 겁니다."

"어딘데요?"

멍지가 물었다.

"가 보면 압니다. 미리 말해 주면 재미 없잖아요."

"알려 주세요. 궁금해요."

"그렇다면 '시간이 시작되는 곳'이라고 해 두지요. 하하. 즐거운 시간 보내고 내일 만납시다."

"더 궁금하잖아요, X맨."

아이들이 애타게 X맨을 불렀지만, X맨은 뒤도 돌아보지 않고 어디론가 사라졌다.

"X맨은 꼭 혼자 사라지더라."

"시간이 시작되는 곳이라고? 그런 곳이 어디 있어? 시간은 어디에나 있는 건데."

"그런데 이게 문제는 아니겠지?"

"아닐 거야."

"시간이 시작된다는 것은 무슨 말일까?"

"하루 24시간이 시작되는 0시를 의미하는 건 아닐까?"

"그럼 0시가 시작되는 곳?"

"그런데 0시는 우리가 한국에 있었을 때도 있었고, 스페인에서도 그린란드에서도 있었어. 물론 영국에서도 있을 테고."

"매번 확인했던 것은 아니지만 아마도 그렇겠지."

그림자로 지구 크기를 재어라!

열띤 대화 후 아이들 사이에 한동안 침묵이 흘렀다. 평소 조잘조
잘 말이 많던 명지도 조용히 생각하다가 입을 열었다.

"지금은 모르겠다. 내일 X맨을 따라가 보는 수밖에. 우선 들어가
서 짐을 풀고 쉬자."

다음 날 아침, 숙소 앞에는 아이들이 먼저 나와 있었다. 항상 먼
저 나와 기다리고 있던 X맨이 오늘은 조금 늦었다.

"빨리 나왔군요. 모두들 시간이 시작되는 곳이 궁금했나 보네요.
그럼 당장 출발합시다."

3. 지구에 그린 격자무늬

"도대체 어디로 가는 거예요?"

아이들이 쫓아가며 물었지만 X맨은 대답을 피했다.

"저기 오는 버스를 타죠."

아이들은 더 이상 대답을 바라지 않고 잠자코 버스에 올라탔다. 멍지는 배낭을 제대로 정리하지 않아 버스에 올라탈 때부터 낑낑대기 시작했다.

"멍지야, 왜 그래? 어디 아파?"

"아니. 어제 배낭 정리를 덜 해서 짐을 다 들고 나와 버렸네. 너무 무겁다. 헥헥."

"그럼 멍지 학생은 도착지에서 가까운 물품 보관소를 찾아 짐을 넣어 놓고 오세요."

X맨이 멍지의 짐을 들어 주며 말했다. 런던 시내를 벗어나 도착지에 다다르자 버스 바깥으로 푸른 잔디밭이 펼쳐졌다. 길 옆에 펼쳐진 멋진 경치를 보니 모두 마음이 들떴다.

"와, 너무 멋지다."

"경치만 보지 말고 시간이 시작되는 곳을 찾아보세요. 바로 저쪽입니다."

X맨이 차창 밖을 가리켰다. 사람들이 모여 있는 곳이 눈에 들어왔다. 벽에 커다란 시계가 붙어 있었다.

"X맨! 저기가 시간이 시작되는 곳인가요?"

그림자로 지구 크기를 재어라!

"맞습니다. 여기서 내리죠."

아이들이 서둘러 버스에서 내렸다.

"저는 물품 보관소에 짐을 넣고 올게요."

멍지는 재빨리 물품 보관소가 있는 기차역 입구로 달려갔다.

"여러분이 궁금해하던 곳에 도착했습니다. 이곳은 그리니치 천문
대입니다. 왜 이곳에서 시간이 시작되는지 둘러보세요."

X맨의 설명을 기대하고 있던 아이들은 실망한 기색으로 말했다.

"X맨은 쉽게 알려 주는 게 없단 말이야."

"그런데 이건 무슨 시계길래 이렇게 사람들이 많이 있는 거야?"

"애들아, 나 돌아왔어. 같이 구경하자."

멍지가 아이들이 모여 있는 시계 앞으로 달려왔다.

"그래. 여기 설명이 있는데 영어로 써 있어서 무슨 말인지 모르겠어."

아이들이 당황하고 있을 때 룩희가 안내 표지판으로 다가갔다.

"이 시계는 세계 시간의 기준이 되는 세계 표준시를 보여 주는 시계래. 이 시계의 시간을 기준으로 다른 나라들의 시간이 결정된다고 하네. 그래서 사람들이 기념사진을 찍나 봐."

"오, 룩희 너 영어 잘하는구나."

"세계 시간의 기준이 되는 시계? 기준이라면 모두 다 이 시간을 따라야 하는 거야? 세계 곳곳의 시간은 서로 다른데, 이상하지 않니?"

"나도 뭐가 기준이라는 건지는 모르겠다. 시계 눈금이 24개라는 게 특이하네. 이 시계는 하루에 한 바퀴 돌겠구나."

"그렇겠다. 멍지야, 우리 같이 사진 찍을까? 기념이 될 거야. 상남아, 우리 좀 찍어 줄래?"

룩희가 상남이에게 카메라를 건네고, 멍지와 함께 눈금이 24개인 시계 앞에서 포즈를 취했다. 지성이도 사진을 찍으려고 기다리고 있었다. 그때 상남이 뒤로 X맨이 나타났다.

3. 지구에 그린 격자무늬

"왜 여기가 시간이 시작되는 곳인지 알아냈나요?"

"이 시계 때문 아니에요? 그런데 이 시계가 나타내는 시간이 세계의 기준이 된다는 게 무슨 말이에요? 너무 아리송해요."

"사람들이 왜 여기서 이렇게 줄을 지어 사진을 찍는 거예요? 이번엔 제발 그냥 알려 주세요."

멍지와 룩희는 궁금해서 도저히 못 참겠다는 표정이었다. 둘이 계속 조르자 X맨이 입을 열었다.

"사람들이 많이 몰려 있는 건 여기가 본초 자오선이 지나는 곳이기 때문이죠. 그리니치 시계가 나타내는 시간이 세계 시간의 기준이 되는 세계 표준시입니다."

"본초 자오선요? 그게 뭐예요?"

"경도 0도를 나타내는 선이 본초 자오선입니다."

"경도 0도요? 경도는 또 뭐죠? 설명을 들을수록 어려운 거 같아요."

"경도에 대해서 잘 모르는군요. 경도는 지구를 같은 간격으로 세로로 나눈 것입니다. 세로로 나누는 선을 경선이라고 해요."

"왜 지구에 세로선을 그어요?"

"그럼 가로선도 긋나요?"

상남이와 지성이가 동시에 물었다.

"모두 모였군요. 맞아요. 가로선도 있습니다. 가로선은 위선이라고 해요. 지구가 공같이 생겼다는 건 잘 알고 있죠? 지구에 직접 선

그림자로 지구 크기를 재어라!

위도와 경도

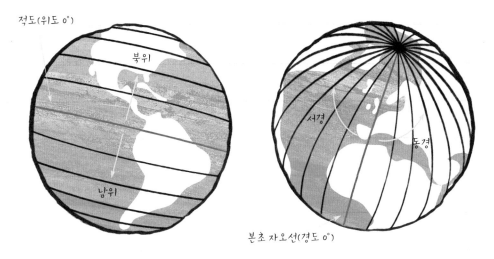

을 긋는 것은 아니지만, 가상으로 같은 간격으로 가로선을 그어 위
도를 나타내고 세로선을 그어 경도를 나타냅니다. 그 선을 위선과
경선이라고 해요."

"아, 지구본에 격자무늬처럼 그려진 그 선!"

룩희가 무릎을 쳤다.

"맞아요. 지구본에 그려진 가로선이 위도를 표시하는 위선, 세로
선이 경도를 표시하는 경선입니다. 위선과 경선이 교차되어 꼭 모눈
종이같이 보이죠."

"그런데 왜 그렇게 나누는 거예요?"

"당연한 걸 묻니? 그래야 지구상에서 어느 위치인지 확실히 나타낼 수 있잖아."

상남이의 질문에 멍지가 대꾸했다.

"맞습니다. 위도와 경도를 알면 위치를 정확히 나타낼 수 있거든요. 예를 들어 **위도는 위도 0도인 적도를 기준으로 해서 남북으로 15도마다 위선을 그어 90도까지 나타내죠. 남쪽의 위도는 남위, 북쪽의 위도는 북위라고 해요.** 그래서 남극은 남위 90도, 북극은 북위 90도입니다. 쉽게 말해, 적도를 기준으로 극지방으로 갈수록 위도가 높아지는 거죠."

"그렇구나. 세로선은 어디가 기준이에요?"

상남이가 다시 물었다.

"세로선으로 나누는 경도는 경도 0도인 본초 자오선을 기준으로 합니다."

"아, 바로 여기!"

"그런데 왜 영국의 그리니치에 본초 자오선이 있는 거예요?"

"옛날 대항해 시대의 탐험가들은 자신의 위치를 아는 것이 중요했어요. 본초 자오선은 그 위치를 알려 주는 기준이 되기도 했는데, 그 당시에는 나라마다 다른 자오선을 가지고 있었지요. 그런데 기준이 여러 개 있으니 위치를 정확히 나타낼 수 없었어요. 그래서 1884년 국제 자오선 회의에서 그리니치 천문대를 지나는 자오선을

그림자로 지구 크기를 재어라!

기준 자오선으로 인정했습니다."

"그런데…… 영국 그리니치에서 경도 0도라는 게…… 무슨 의미
인지 잘 모르겠어요. 그럼 우리나라는 경도가 다른가요?"

지성이가 조용히 물었다.

"빙고! 당연하죠. 우리나라는 영국보다 동쪽에 있으니까요. **경도
는 본초 자오선을 기준으로 동쪽으로 180도, 서쪽으로 180도까지 나
타냅니다.** 동쪽의 경도는 동경이라 하고, 서쪽의 경도는 서경이라
하지요. 본초 자오선에서 멀어질수록 경도가 높아지고요."

"근데 그게 시간이랑 무슨 상관이냐고요?"

지성이가 궁금함을 못 견디고 큰 소리로 물었다.

"깜짝이야. 하하. 알겠어요. 한꺼번에 알려 드리죠. 지구가 하루
에 한 바퀴 자전하기 때문에, 태양은 아침에 동쪽에서 떠서 저녁에
서쪽으로 지죠. 즉 **지구 동쪽에 있는 나라에 햇빛이 먼저 비춰요. 따
라서 동쪽 나라에 먼저 아침이 오지요. 그 결과 나라별로 시간 차이가
생깁니다.**"

"알아요. 그래서 우리나라가 아침일 때 미국은 전날 밤이잖아요."

룩희가 말을 거들었다.

"우리나라가 미국보다 동쪽에 있기 때문이지요. **360도를 24개로
나누면 한 시간을 나타는 간격이 15도라는 걸 알 수 있죠.** 그래서 이
곳 영국 그리니치 천문대의 시계를 기준으로 할 때 이곳에서 동쪽으로

경도가 15도 커질 때마다 1시간씩 빨라집니다. 즉, 경도에 따라 시간이 다르죠."

"아! 그래서 이곳의 시간이 기준이라는 거군요!"

"그럼 여기서 서쪽으로 경도가 15도씩 커지면 1시간씩 느려지는 거예요?"

"맞아요. 이제 이해되나요? 경도를 알면 대강의 시차를 알 수 있어요."

"와! 정말 시간의 기준이 되는 의미 있는 곳이었네요. 저쪽이 본초 자오선 맞죠?"

상남이가 재빨리 사람들이 모여 있는 곳으로 달려갔다. 사람들이 바닥에 길게 표시된 본초 자오선을 다리 사이에 두고 자신의 발을 사진에 남기고 있었다.

"나도 빨리 기념사진 찍어야지."

상남이도 본초 자오선과 자신의 두 발을 한 장의 사진에 담았다.

"그런데 룩희야, 여기 바닥에 써 있는 건 뭐야?"

상남이가 본초 자오선 옆에 써 있는 숫자와 영어를 가리켰다. 룩희도 아까부터 그 글자들을 들여다보고 있었다.

"영어로 나라 이름들과 숫자가 써 있어. 무슨 뜻일까? 리스본, 로스앤젤레스, 버뮤다……."

"여기 서울도 있어!"

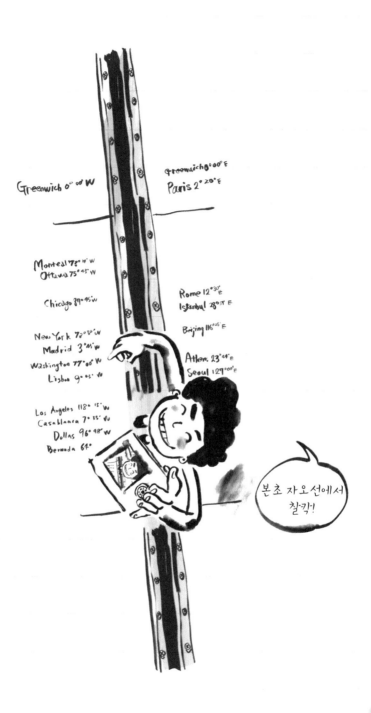

3. 지구에 그린 격자무늬

상남이가 본초 자오선 옆에 적힌 'Seoul'이라는 글자를 발견하고 큰 소리로 말했다.

"잘 찾았군요. 네. 서울 127° E라고 써 있죠. 여기서 E는 동쪽(east)을 나타냅니다. 즉, 서울이 여기서 동쪽으로 127도 떨어진 지점에 있다는 이야기죠."

"그럼 지금 서울의 시간은⋯⋯."

"15도마다 1시간씩 빠르니까 127÷15=8.46⋯⋯. 약 8시간 반 이상 빠르겠죠. 자, 다른 나라도 한번 생각해 볼까요? 인도도 우리나라처럼 영국을 기준으로 동쪽에 있습니다. 동경 77도인 인도의 델리는 지금 몇 시일까요?"

"77÷15=5.13⋯⋯. 여기 영국보다 약 5시간 빨라요!"

"맞아요. 더 설명 안 해도 잘 아는군요. 나도 영국 그리니치 천문대는 처음 와 봤어요. 여러분이랑 같이 오니까 재밌군요. 좀 더 둘러보고 오후 시간을 즐기세요. 내일 공항에서 보도록 하죠."

"아싸! 이번에는 문제가 없는 거예요? 좋았어!"

상남이가 좋아서 제자리에서 폴짝 뛰었다. 그러자 X맨이 머리를 긁적이며 말을 이었다.

"아, 여행에 푹 빠져서 중요한 걸 잊고 있었네요. 기다렸을 텐데⋯⋯."

X맨이 주머니를 이리저리 뒤지더니 조심스레 빨간 봉투를 꺼냈

그림자로 지구 크기를 재어라!

다. 아이들에게 봉투를 내밀자 원성이 터져 나왔다.

"아, 뭐야. 문제를 안 내는 것처럼 하더니……."

"그럴 줄 알았어요, X맨."

아이들이 더 말을 꺼내기 전에 X맨이 황급히 자리를 떠났다. 아이들은 재빨리 봉투를 열어 보았다.

봉투를 열어 본 아이들의 표정이 아리송했다.

"이건…… 무슨 암호 같아."

"그러게 말야. 문제를 이해할 수도 없는데 답을 어떻게 찾지?"

"우선 식당을 찾아보자. 다리도 아프고 배도 고파. 배를 채우고
이야기하다 보면 전처럼 또 아이디어가 떠오를지도 모르잖아. 지금
까지 잘해 왔는데 뭐가 걱정이야."

상남이가 시무룩해진 아이들을 격려했다. 상남이의 말에 아이들
이 일어나서 버스 정류장으로 향했다. 그때 멍지가 다급한 목소리
로 아이들을 불러 세웠다.

"얘들아, 잠깐만! 여기 있어 봐. 나, 기차역 물품 보관소에 넣어

그림자로 지구 크기를 재어라!

둔 짐을 찾아야 돼."

"역에 같이 가자. 역 근처에서 밥 먹으면 되잖아."

"그래. 영국 기차는 어떨지 궁금해."

"알았어. 그럼 천천히 와. 나 먼저 가서 꺼내고 있을게."

아이들은 멍지를 따라 기차역 물품 보관소로 향했다. 하지만 먼저 간 멍지는 물품 보관소 앞에서 난감한 표정을 짓고 있었다.

"멍지야, 왜 그래?"

"세 번째, 일곱 번째였는데……."

"뭐가 세 번째, 일곱 번째야?"

"세 번째 줄, 일곱 번째 열에 짐을 넣고 잠갔는데, 그 칸이 열리지 않아."

"정말? 어디 보자."

물품 보관소 벽면에는 같은 크기의 사물함이 꽉 들어차 있었다.

"이렇게 생겼구나. 헷갈릴 만도 하네. 멍지야, 어디를 기준으로 셌어?"

"글쎄…… 그냥 세기만 했는데……."

상남이의 물음에 멍지가 작게 중얼거렸다.

"그래도 아무것도 기억하지 못하는 것보다는 낫잖아. 방법을 생각해 보자. 내 행운을 너에게 줄게."

룩희가 시무룩한 멍지를 다독였다.

"왼쪽 위에서부터 세어 보자. 글씨를 쓸 때도 왼쪽 위에서부터 쓰
잖아. 세 번째 줄, 일곱 번째 열이니까 첫 번째 칸에서부터 아래로
하나, 둘, 셋! 그리고 왼쪽에서 오른쪽으로 하나, 둘, 셋, 넷…… 일
곱! 여기?"

상남이가 열쇠를 넣었지만 사물함은 꿈쩍하지 않았다. 이번엔 지
성이가 나섰다.

"아니면, 오른쪽 위부터? 선생님들은 분단을 오른쪽부터 세시잖

그림자로 지구 크기를 재어라!

아. 멍지도 그렇게 셌다면, 오른쪽 아래 칸에서부터 위로 하나, 둘, 셋! 오른쪽에서 왼쪽으로 하나, 둘, 셋, 넷…… 일곱!"

하지만 지성이가 찾은 곳도 열리지 않았다.

"아, 문제도 풀어야 하는데 사물함 하나 못 찾고 이게 뭐야. 이러다가 나 때문에 다 한국으로 돌아가는 거 아니야? 어떡하지?"

멍지는 울상이 되어 자리에 주저앉았다.

"멍지야, 울지 말고 기억을 더듬어 봐. 세 번째 줄, 일곱 번째 열도 중요한 단서이지만 중요한 건 기준점이야. 그걸 모르면 여기 있는 모든 사물함을 열어 봐야 할지도 몰라."

"지성이 말이 맞아. 우리가 경도를 따질 때 그리니치 천문대에 있는 본초 자오선을 기준으로 하는 것처럼 말이야."

"그래. 네가 어디를 기준으로 했는지만 기억하면 돼."

지성이의 말에 룩희와 상남이도 생각을 보탰다.

멍지는 차근차근 아까의 기억을 더듬었다. 하지만 잘 떠오르지 않았다. 멍지는 다시 한 번 한숨을 푹 내쉬며 주변을 둘러보았다. 그때 무언가 눈에 들어오는 것이 있었다. 멍지 가까이에 있는 사물함의 문틈에 빨간색 가방 끈이 삐져나와 있었다.

"이거야! 가방 끈! 가방 끈이 튀어나온 저 사물함을 기준으로 아래로 세 번째 줄, 오른쪽으로 일곱 번째 열에 넣었어."

"드디어 생각났구나!"

룩희가 멍지가 말한 사물함을 기준으로 세 번째 줄, 일곱 번째 열을 찾았다.

'철커덕!'

열쇠를 꽂아 돌리니 사물함 문이 한 번에 열렸다. 순간 모두들 안도의 한숨을 쉬었다.

다음 날 아침, 아이들은 식당에서 빵을 먹으며 문제가 적힌 종이를 뚫어져라 보고 있었다. 어제 숙소에 돌아와서도 한참 들여다봤지만 답을 찾지 못해 마음이 무거웠다.

"우리 정말 돌아가야 하는 거 아냐? 몇 나라 못 다녔는데……."

언제나 긍정적인 룩희도 답답한 마음에 울상이 되었다. 상남이는 고민해도 방법이 떠오르지 않자 화가 났다.

"뭐야! 이상한 기호랑 숫자를 주고는 뭘 알아 오라는 거야?"

'이상한 기호랑 숫자'라고 말하고 보니 상남이는 문득 떠오르는 게 있었다.

"본초 자오선 옆에 써 있던 것……."

상남이가 서둘러 어제 찍은 사진을 꺼내 들었다. 잠시 사진을 들여다보던 상남이가 놀란 표정으로 친구들을 불렀다.

"얘들아, 이거 봐 봐."

"왜? 그걸 지금 봐서 뭐해?"

"이제 보니 본초 자오선의 한쪽에는 모두 'E'가 적혀 있고, 다른 한쪽에는 'W'가 적혀 있어."

"E는 동쪽(east)을 뜻한다고 했는데……."

지성이가 중얼거렸다.

"맞아. 그렇다면 W는 서쪽(west)을 뜻하겠다. 문제의 W도 서쪽을 뜻하는 것이 아닐까? N은 북쪽(north)을 뜻하고."

"정말! 숫자 뒤에 도(°)라는 단위를 쓴 걸 보니, 위도와 경도를 나타내는 게 확실해. N 뒤에 있는 숫자는 북위, W 뒤에 있는 숫자는 서경을 나타내겠다!"

룩희와 상남이가 연이어 소리 질렀다.

"자자, 진정해. 아직 답은 찾지 못했어. 위도와 경도로 어떻게 위치를 알 수 있지?"

지성이가 기억을 더듬으며 지구본을 꺼냈다.

"위도는 가로선, 경도는 세로선으로 나타낸다고 했어. 어제 물품 보관소에서 한 것처럼 기준점에서부터 찾아보자."

멍지가 거들었다. 아이들이 지구본으로 모여들었다.

"위도를 먼저 찾아보자. 지구본을 가로로 가르는 이 빨간 선이 적도야. N 45°32′은 적도를 기준으로 북쪽으로 위도가 45°32′인 곳이야. 그러니까 이 정도가 되겠다."

"그리고 W 75°66′은 본초 자오선을 기준으로 서쪽으로 경도가 75°66′인 곳이지."

룩희와 지성이가 함께 북위 45°32′과 서경 75°66′인 곳을 찾아 손가락으로 가리켰다. 위선과 경선이 교차하는 곳에 지역명이 써 있었다.

"오타와!"

"오타와는 캐나다의 수도야! 다음 여행지는 캐나다가 되겠구나!"

"우리 문제를 너무 빨리 풀었어. 미리 비행기 표를 받고 편하게 쉬다가 갈까?"

"좋아."

아이들은 처음으로 공항에 느긋하게 도착하여 비행기 표 발권 창구로 갔다. 이번에는 지성이가 자신 있게 말했다.

"정답을 말할게요. 캐나다 오타와요."

창구 직원이 비행기 표가 담긴 봉투를 건넸다. 멍지가 조심스레 봉투를 열어 보았다.

"캐나다 오타와. 야호! 얘들아, 우리가 해냈어!"

아이들이 서로 손을 맞잡고 뛰었다. 공항 한쪽에서 그 모습을 바라보던 X맨이 흐뭇한 미소를 지었다.

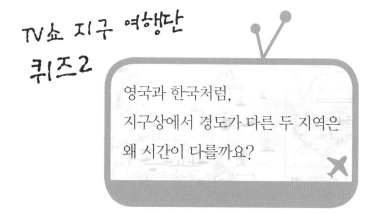

TV쇼 지구 여행단
퀴즈2

영국과 한국처럼,
지구상에서 경도가 다른 두 지역은
왜 시간이 다를까요?

4

지구는 거대한 자석

"캐나다에서는 또 어떤 문제가 주어질지 기대되는걸."

영국에서 생각보다 수월하게 문제를 풀고 나서 지성이는 자신감이 붙었다.

"지성아, 넌 이제 문제 푸는 것이 재미있나 보구나. 난 그래도 이제 그냥 여행만 했으면 좋겠어."

멍지는 여전히 자신이 없었다.

"멍지야, 우리 지금까지 잘 해냈잖아. 나 혼자는 어려웠겠지. 하지만 너희들이랑 같이 하니까 어떤 문제가 나와도 답을 찾을 자신이 생겼어."

"룩희 말이 맞아요. 여러분, 제가 예상했던 것보다 꽤 잘 해내고

그림자로 지구 크기를 재어라!

있습니다. 혹시 여러분이 인터넷 검색으로 답을 찾는 게 아닌가 해서, 이제부터는 저도 비행기를 함께 타고 이동할 겁니다."

함께 비행기에 오른 X맨이 아이들의 대화에 끼어들었다.

"에이. 혼자 가기 심심해서 같이 탄 거 아니에요? 그런 거 같은데……."

상남이가 X맨을 흘겨봤지만, X맨은 못 들은 척 말을 이어 갔다.

"흠흠. 이제 다들 문제 푸는 것을 즐기고 있는 것 같군요! 명지만 빼고."

"아, 아니에요, X맨. 문제를 풀지 못하면 여행을 멈춰야 하니까 겁이 나서 그래요."

명지가 기운 없는 목소리로 말했다.

"영국에서 짐을 찾느라 힘들었던 명지를 위해 이번엔 문제를 내지 않을 생각인데……."

"정말요? 야호!"

아이들이 동시에 환호를 질렀다.

"그런데……."

"네? 그런데……라니요?"

상남이가 놀라서 X맨을 돌아봤다.

"상남 학생, 말을 좀 끝까지 들어요. 문제를 내지 않는 대신 다른 과제를 줄 생각이에요."

"X맨, 다른 과제가 뭐예요? 탈락은 없는 거죠?"

"그건 말이죠, 차차 알려 줄게요."

"궁금해요! X맨, 지금 알려 주세요."

아이들이 X맨을 조르는 사이 비행기가 캐나다 오타와에 착륙했다.

캐나다 오타와

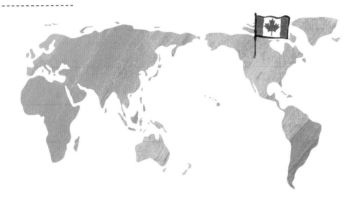

"하하하. 난 여러분이 궁금해하는 게 왜 이렇게 재밌는지 모르겠어
요. 우선 정해진 숙소에 가서 쉬고 내일 만나요."

X맨은 인사를 하더니 또다시 멀리 걸어갔다.

"도대체 X맨은 알 수 없는 사람이야. 매번 어디론가 사라졌다가
어디선가 나타나고."

"그러게 말야. 진지한가 싶으면 또 장난꾸러기 같고……."

상남이와 멍지가 X맨의 뒷모습을 보고 말했다.

"얘들아, 그런데 X맨 어디서 많이 본 거 같지 않아?"

그림자로 지구 크기를 재어라!

지성이가 아이들에게 물었다.

"글쎄, 난 잘 모르겠는데……. 바바리코트랑 선글라스로 얼굴을 가려서 잘 보이지도 않잖아."

"이상하네. 분명 눈에 익은 얼굴인데."

"지성아, 일단 우리 들어가서 쉬자! 내일의 여행을 위해서."

아이들은 각자의 가방에서 옷가지를 꺼내 숙소 옷장에 정리했다.

"이거 누구 남방이야? 단추가 떨어졌네."

멍지가 옷장에서 남방을 꺼내 들고 물었다.

"내 건데. 언제 떨어졌지?"

지성이가 옷을 받아 들고 난감한 표정을 지었다.

"걱정 마. 나한테 실과 바늘이 있어. 빌려 줄게. 우선 소매에 있는 단추를 떼서 달아."

"고마워, 멍지야. 실과 바늘까지 가져왔어?"

"그럼. 나는 늘 내 보물 상자를 가지고 다니거든. 한번 볼래?"

멍지의 말에 아이들이 모여들었다. 멍지가 가방에서 작은 상자를 꺼내서 아이들 앞에 열어 보였다. 그 안에 실, 바늘, 옷핀, 클립은 물론이고 막대자석, 말굽자석 등 잡동사니가 가득했다.

"이거 보물 상자 맞아? 잡동사니밖에 없네."

상남이가 피식 웃으며 말했다.

"유용한 것들이 얼마나 많은데."

멍지는 상남이가 놀리거나 말거
나 뿌듯한 표정으로 상자 안을
정리했다.

"그런데 준비물은 다 챙
겨 온 거야? 나침반
은 어딨어?"

상남이가 한 번 더
묻자 멍지의 표정이 굳어졌다.

"아, 나침반. 깜빡했어! 너희들은 가져왔어?"

아이들이 동시에 고개를 끄덕였다. 멍지가 안절부절못하자, 룩희
가 멍지에게 나침반 하나를 건넸다.

"내가 뽑기 기계에서 여러 개 뽑았거든. 하나 가져."

멍지의 표정이 다시 환해졌다.

"고마워, 룩희야. 잘 쓰고 돌려줄게."

멍지는 보물 상자에 나침반을 넣고 기쁜 마음으로 잠을 청했다.

다음 날 아침, X맨이 숙소 문을 밀며 고개를 빼꼼 들이밀었다.

"여러분, 잘 잤나요? 나올 때 나침반을 들고 오세요."

아이들은 눈을 부비고 나침반을 들고 밖으로 나갔다. 밖에서 X맨
이 혼자 나침반을 들여다보고 있었다.

그림자로 지구 크기를 재어라!

"X맨, 나침반은 왜 준비하라고 하셨어요?"

"오늘은 문제가 아니니까 그냥 알려 줄게요. 나침반을 가지고 각자 어떤 장소로 찾아갈 거예요."

"와! 재밌겠다. 스카우트 활동할 때 나침반으로 방향 찾기 해 본 적이 있어요."

룩희가 나침반을 만지작거리며 말했다.

"경험이 있으니 잘할 수 있겠네요. 자, 여기 봉투를 받으세요. 오늘 나침반을 보고 찾아올 곳입니다. 저녁 식사 전까지 오길 바랍니다. 낯선 곳에서 길 잃지 않도록 주의하시고요."

X맨이 네 명의 아이들에게 각각 빨간 봉투를 나눠 주었다. 아이들은 의아해하면서 받은 봉투를 열어 보았다.

"동쪽으로 3킬로미터? 너무 쉬운 것 아닌가요?"

지성이가 먼저 물었다.

"어? 지성아, 동쪽으로 3킬로미터 정확해? 난 북쪽으로 2킬로미터인데."

고개를 갸웃거리는 지성이와 상남이를 보면서 룩희도 자기 봉투를 열었다.

"상남아, 난 남쪽으로 1킬로미터야. 멍지는 어디야?"

"난 서쪽으로 2킬로미터!"

"우리 모두 목적지가 다르네요. X맨, 어떻게 된 거예요?"

X맨은 아이들이 당황해하는 모습이 재미있다는 표정이었다.

"여러분 모두에게 같은 지령을 줄 거라고 말한 적은 없어요. 이번에는 각자 목적지로 찾아오는 겁니다."

"혼자서요? 그럼 나침반을 보고 남쪽으로 1킬로미터 가면 무엇인가 있나요?"

"룩희 학생, 좋은 질문이에요. 여러분이 들고 있는 지령지는 첫번째 목적지입니다. 그곳에 가면 두 번째 지령지가 있습니다. 지령지에 적힌 대로 따라가다 보면 언젠가는 최종 목적지를 발견할 수 있을 겁니다. 정확한 거리를 잴 수 있도록 거리 측정 어플리케이션이 깔려 있는 스마트폰을 제공합니다. 자, 행운을 빕니다. 출발!"

아이들은 아직 궁금한 게 많았지만 설명을 끝낸 X맨은 재빨리 사라져 버렸다. 아이들은 외국에서 혼자 다녀야 한다니 두려움이 앞섰다. 하지만 한편으로는 새로운 경험을 할 생각에 설렜다.

"매번 넷이서 같이 다니다가 혼자 나서야 한다니 조금 걱정이다. 하지만 우리 지금까지 잘해 왔으니까 이번에도 잘할 수 있을 거야."

상남이가 먼저 용기를 냈다.

"그래! 나도 조금 겁나긴 하는데 상남이 말을 들으니 해낼 수 있을 것 같아."

"나도 그래. 목적지에 오늘 저녁때까지 도착해야 한다고 했으니까 빨리 출발해야 할 것 같아. 지령지가 앞으로 몇 개 나올지도 모르니까."

그림자로 지구 크기를 재어라!

"그래! 다들 잘 찾아가자. 저녁에 봐."

오후 5시쯤 지성이가 가장 먼저 목적지에 도착했다. 지성이는 네 장의 지령지를 받고 나서야 겨우 목적지에 다다랐다. 목적지에 'TV쇼 지구 여행단을 환영합니다. 이곳이 목적지입니다.'라고 적힌 팻말이 꽂혀 있었다. 힘들긴 했지만 시내를 돌아다니면서 오타와 곳곳의 명소를 구경할 수 있었다. 그런데 팻말만 덩그러니 세워져 있을 뿐 주위엔 낯선 얼굴들뿐이었다. 한참을 두리번거리고 있는데 귀에 익은 목소리가 들렸다.

"지성아!"

뒤를 돌아보니 캐나다 사람들 사이로 상남이가 보였다.

"상남아, 여긴 웬일이야?"

"그러는 너야말로 왜 여기 있어?"

"응. 나는 지령지 네 장에 적힌 대로 차례로 찾아왔더니 여기 도착했어. 혹시 우리들 모두 목적지가 같은 게 아닐까?"

"지성아, 너는 나랑 완전히 다른 길로 출발했잖아. 길은 통한다더니, 정말 그런 건가? 네가 찾은 지령지 좀 보여 줘 봐."

지성이의 지령지

"그럼 네 지령지는?"

이번에는 상남이가 순서대로 지령지를 펼쳤다.

상남이의 지령지

그림자로 지구 크기를 재어라!

그때 또 익숙한 목소리가 들렸다.

"지성아, 상남아!"

"어? 룩희야! 너도 지령지에 적힌 대로 온 거야?"

"응. 너희들도?"

"응. 룩희랑 나는 정반대 방향으로 갔었는데…… 어떻게 된 거지?"

"룩희야, 네가 찾은 지령지도 한번 줘 봐."

룩희의 지령지

룩희의 지령지를 보더니 상남이가 더욱 걱정스런 목소리로 말했다.

"룩희의 지령지도 완전히 다르잖아. 우리 셋 중에 둘은 잘못 찾아 온 것 같아."

"상남아, 그게 무슨 소리야? 내가 정확하게 찾아가려고 얼마나 주의를 기울였는데……."

"애들아, 잠깐만. 우리 셋 다 제대로 찾아온 것일 수도 있어."

"그게 무슨 소리야?"

지성이는 종이와 연필을 꺼내 그림을 그리기 시작했다.

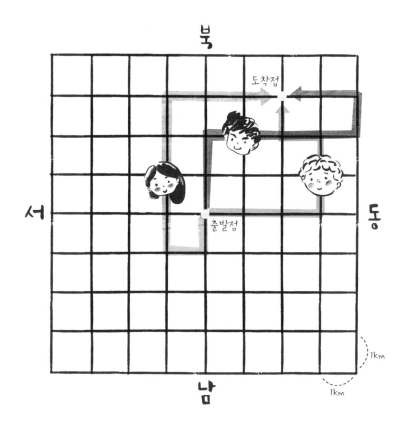

"네모 한 칸을 1킬로미터라고 보면 우리는 각각 이렇게 움직였어."

"정말이네! 우리 모두 다른 지령지를 받았지만 같은 곳을 향해 온 거구나. 하하. X맨도 참."

"지성이가 제일 먼저 올 수밖에 없었네. 이것 봐. 모두들 좀 돌아오긴 했지만 지성이가 가장 짧은 길로 왔어."

세 아이들이 함께 고개를 끄덕였다.

"그나저나 멍지는 왜 안 보이는 거지?"

그림자로 지구 크기를 재어라!

"예외도 있는 건가?"

"조금 늦을 수도 있으니까 기다려 보자."

하지만 한참을 기다렸는데도 멍지는 나타나지 않았다. 한 시간쯤 흐른 뒤 X맨이 나타났다.

"여러분, 잘 찾아왔군요! 생각보다 빨리 왔네요. 그런데 아직 한 명이 안 왔네요."

"멍지도 여기로 오는 거 맞죠?"

"그래요. 조금만 기다려 보도록 하죠."

X맨도 함께 멍지를 기다리기 시작했다. 하지만 그로부터 한참이 지나도 멍지는 보이지 않았다.

"어떻게 된 거지? 지금쯤 도착해야 하는데……."

"X맨, 이제 멍지를 찾아 나서야 할 것 같아요. 더 이상 기다리고 있을 수만은 없어요."

"그래요. 일단 찾아봅시다. 출발지에서부터 찾아보지요."

모두들 빠른 걸음으로 출발한 곳으로 돌아왔다. 돌아올 때는 가능한 한 직선 경로를 택해 빨리 도착했다. 아이들이 출발지 여기저기를 둘러보았으나 멍지의 모습은 눈에 보이지 않았다. 한참을 헤매고 있는데 멀리서 멍지의 목소리가 들렸다.

"얘들아! 나 여기 있어! 어흐흑……."

멍지는 아이들을 보자마자 울음을 터뜨렸다.

"멍지야, 도대체 어떻게 된 거야? 왜 아직 여기에 있어?"

"내 나침반이 이상해서 길을 찾을 수가 없었어. 아무 데나 돌아다니면 길을 잃을 것 같아서 다시 출발했던 곳으로 돌아왔어. 그런데 한참을 기다려도 아무도 나타나지 않고……."

"괜찮아, 멍지야. 이제 우리가 왔잖아."

아이들이 멍지를 달래 줬다.

"많이 놀랐겠어요. 멍지를 위해서 이번에 문제를 내지 않았는데 오히려 더 고생을 했군요. 멍지가 제자리로 돌아올 생각을 하지 않았다면 큰일 날 뻔했네요."

"엄마가 예전부터 길을 잃으면 원래 있던 곳으로 돌아가라고 하셨어요. 그래서……."

"잘했어. 그런데 나침반이 고장 났다니 무슨 소리야?"

"나침반 바늘이 한 곳을 가리켜야 하는데 자꾸만 왔다 갔다 하는 거야. 지령지에 적힌 대로 서쪽으로 2킬로미터를 가는데 도중에 자꾸 서쪽 방향이 바뀌어서 갈 수가 없더라고."

"정말? 나침반도 고장이 나는구나!"

지성이는 놀라서 자신의 나침반을 꺼내 멍지의 것과 비교해 보았다. 멍지의 나침반 바늘은 지성이의 나침반 바늘이 가리키는 방향과 전혀 다른 곳을 가리키고 있었다. 게다가 바늘 끝이 한시도 가만히 있지 않고 이리저리 움직였다.

"어라? X맨, 멍지의 나침반이 왜 이런 거죠?"

"멍지 학생, 나침반을 어디에 두었었나요?"

"네? 상자에 넣어서 가지고 왔어요."

멍지가 나침반을 넣어 두었던 보물 상자를 꺼내며 말했다.

"그 상자 좀 볼 수 있을까요?"

X맨은 멍지의 보물 상자 안을 보더니 커다란 막대자석을 꺼내 들었다.

"작은 상자 안에 뭐가 이렇게 많아요? 아무튼 나침반 바늘을 망가

4. 지구는 거대한 자석

트린 범인은 이놈이네요."

"자석이오?"

"네. 나침반은 자석이랑 같이 두면 안 됩니다."

"왜요?"

"나침반 바늘이 곧 작은 자석이거든요. 더 힘이 센 자석과 가까이 두면 나침반 바늘이 가지고 있던 자석의 힘을 잃을 수 있어요."

"네? 그럴 리가요. 저는 자석이랑 나침반을 딱 붙여 놓지도 않았는걸요."

멍지가 억울하다는 표정을 지었다. 그러자 X맨이 멍지의 상자에서 막대자석과 클립을 꺼냈다. 그리고 바닥에 클립을 놓고 막대자석의 끝을 클립 가까이 가져다 댔다. 그러자 클립이 벌떡 일어나 막대자석 끝에 달라붙었다.

"자, 이걸 보세요. 자석을 클립에 직접 대지 않아도 가까이 가져가면 클립이 끌려오죠? 직접 붙어 있지 않아도 자석의 힘이 미치기 때문입니다. 이처럼 자석의 힘은 떨어진 물체에도 작용한답니다. 자석 근처에 나침반을 두면 나침반의 극이 달라질 수 있어요. 멍지가 자석을 한곳에 보관한 것이 실수였던 거죠."

"아, 그래서 나침반이 고장 났구나. 그럼 이 나침반은 버려야겠네요. 룩희에게 돌려주려고 했는데……."

멍지가 나침반을 보며 중얼거렸다.

"버리지 않아도 돼요. 자석 때문에 나침반이 망가지기도 하지만 자석으로 나침반을 고칠 수도 있습니다. 나침반 바늘의 북쪽을 가리키는 빨간 부분을 자석의 S극에 대고 오래 놔 두거나, 자석의 S극을 나침반 바늘의 빨간 부분 쪽으로 여러 번 문질러 주면 다시 나침반이 정확한 방향을 가리키게 돼요. 자, 보세요."

X맨이 멍지의 막대자석을 들고 나침반 바늘을 여러 번 문질렀다. 그러자 나침반의 바늘이 차츰 한 방향을 가리킨 채로 고정됐다.

"와! 정말이네! 이제 제 것도 지성이의 나침반 바늘과 같은 방향을 가리켜요!"

"X맨이 자석으로 문지르는 걸 보니까 기억이 났어요."

갑자기 상남이가 자석을 집어 들며 말했다.

"학교에서 바늘을 자석으로 문질러서 나침반을 만든 적이 있어. 멍지야, 네 바늘 좀 빌려 줄래?"

멍지가 어리둥절한 표정으로 상남이에게 바늘을 건넸다. 상남이는 바늘을 한 손에 쥐고, 다른 손으로 자석을 들고 한 방향으로 열 번 정도 문질렀다. X맨도 자석으로 바늘을 문지르는 상남이를 보고 고개를 갸우뚱거렸다.

4. 지구는 거대한 자석

"상남 학생, 그렇게 하면 자석이 된다고요?"

"영구적으로 자석이 되진 않아도 ⭐ 자성이 생겨요."

상남이는 이렇게 말하면서 바늘허리에 실을 묶었다. 그리고 실을 아래로 늘어뜨려 바늘을 수평하게 매달아 두고 잠시 기다렸다. 실에 매달려 빙글빙글 돌던 바늘이 어느 순간 한 방향으로 멈췄다. 바로 나침반의 바늘과 같은 방향이었다.

"정말 나침반 바늘이 됐어!"

그 모습을 본 세 아이들의 입이 떡 벌어졌다.

"응. 자성이 생긴 바늘을 나뭇잎에 꽂아서 물에 띄워도 나침반으로 쓸 수 있어."

"정말 신기하네요. 이렇게 했으면 멍지도 나침반을 만들어 길을 찾을 수 있었을지도 모르겠네요. 상남이 대단한데요."

X맨의 흔치 않은 칭찬에 상남이가 머리를 긁적였다.

"그런데 여러분, 나침반 바늘이 왜 항상 북쪽을 가리키는지 알고 있나요?"

"음, 글쎄요."

"그것도 모르고 나침반을 사용했단 말인가요?"

"저 알아요. 지구가 아주 큰 자석이기 때문이에요."

지성이가 자신 있게 말했다. X맨이 지성이를 보고 고개를 끄덕였다.

그림자로 지구 크기를 재어라!

"맞습니다. 나침반 바늘이 작은 자석이라고 했죠? 지구는 아주 큰 자석입니다. 자석의 S극이 N극을 잡아당기듯이, 지구라는 자석의 S극이 나침반 자석의 N극을 끌어당기는 거죠."

"우리가 사는 지구가 커다란 자석이라니 너무 신기해요."

멍지가 자석을 만지작거리며 중얼거렸다.

"그렇죠? 우리가 나침반을 이용해 동서남북의 방위를 알 수 있는 것도 지구 자기장 안에서 나침반의 바늘 끝이 북쪽을 가리키기 때문이지요. 만약에 지구에 자기장이 없었다면 동서남북을 알기 힘들었겠죠."

지구 주변의 자기장

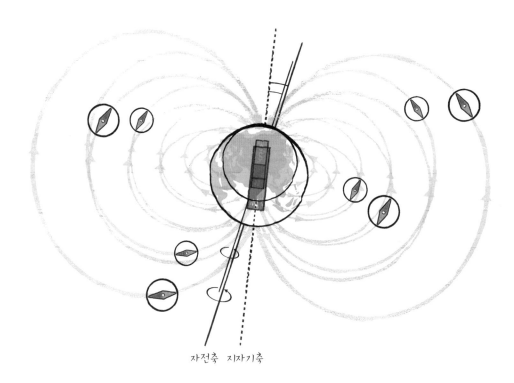

자전축　지자기축

"지구 자기장이 없었다면 오늘 이곳에 다시 못 모였을 거예요."

룩희의 말에 아이들이 한바탕 크게 웃었다.

"여러분, 아까 목적지에 꽂아 놓은 팻말 뒤쪽에 다음 여행지가 쓰여 있었는데 혹시 본 사람 있나요?"

아이들은 서로의 얼굴만 빤히 쳐다봤다. 아까는 멍지를 찾느라 정신이 없어서 팻말을 자세히 볼 겨를이 없었다.

그림자로 지구 크기를 재어라!

"어딘데요?"

"캐나다에서는 문제도 내지 않았는데 제가 그걸 쉽게 알려 줄 리가 없죠. 내일 가 보면 압니다. 아마 반팔 옷과 부채를 준비해야 할 거예요."

X맨이 다시 짓궂은 미소를 지었다.

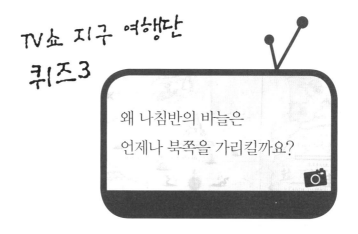

TV쇼 지구 여행단
퀴즈3

왜 나침반의 바늘은
언제나 북쪽을 가리킬까요?

5

지구의 허리띠, 적도 >

이집트 카이로

"아, 부채질을 해도 해도 더워."

멍지는 30분째 쉴 새 없이 부채질을 하고 있다. X맨과 아이들은 낮에 이집트에 도착해 사막을 둘러보는 중이었다.

"반팔 옷을 준비하라고 해서 더운 곳에 올 줄은 알았지만 아프리카 대륙에 올 줄이야."

"이집트라니, 꿈에도 몰랐어."

상남이와 지성이도 불볕더위에 지친 기색이었다.

"진짜 덥긴 한데, 그래도 우리가 여기 언제 또 와 보겠어. 좋은 경험이라 생각하고 즐기자."

그림자로 지구 크기를 재어라!

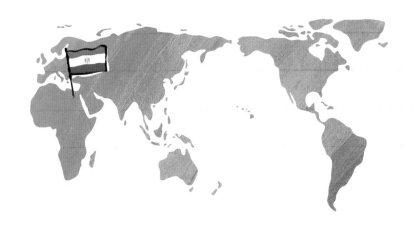

"역시 제가 여러분을 지구 여행단으로 선발한 보람이 있네요. 이왕 좋은 경험 쌓기로 한 거, 오늘 밤 사막에서 야영에 도전해 보는 건 어때요? 저녁에는 오히려 쌀쌀할 텐데."

룩희의 응원을 들은 X맨이 아이들에게 물었다.

"사막에서의 야영? 재미있을 거 같다."

"해가 지면 왠지 견딜 만할 것 같기도 하고."

"혹시 X맨에게 무슨 꿍꿍이가 있는 건 아니겠지?"

"그래도 한번 해 보자."

아이들은 X맨의 눈치를 보며 작은 목소리로 상의했다. 뭔가 함정이 있을 것 같긴 했지만 거절하기 힘든 제안이었다. 아이들은 어느새 고개를 끄덕이고 있었다.

"좋아요. 여러분이 사막에서 야영을 해 보겠다니 선물로 맛있는 저녁 식사를 대접하겠어요. 야영지에 도착하면 맛있는 바비큐 파티가 우리를 기다리고 있답니다. 조금만 참고 야영지를 향해 이동해 볼까요?"

한참을 차를 타고 가는 사이 날이 저물었다. 차에서 내리자마자 고기 굽는 냄새가 진동했다. 좀 더 걷자 커다란 텐트 앞에 모닥불을 피워 놓은 야영장이 있었다. 아이들은 노릇노릇 구워진 바비큐를 마음껏 즐겼다. 배부르게 저녁 식사를 마치고 주변을 정리하자 벌써 밤이 깊었다. 사막 한가운데에 있으니 밤하늘이 더 까맣게 보였다.

"여러분, 맛있게 먹었나요? 오늘 여러분을 위해 서비스를 하나 더 하죠. 불꽃놀이를 준비했습니다."

X맨이 아이들에게 막대 불꽃놀이 폭죽을 하나씩 나눠 주었다.

"와! 밤에는 불꽃놀이지."

"얼른 불을 붙이자!"

멍지와 상남이가 서둘러 막대 불꽃놀이 폭죽 끝에 불을 붙이고 허공에 흔들었다.

"멍지야, 네가 불꽃을 빨리 움직이니까 불꽃이 움직인 흔적이 선을 그린다. 한번 별 모양을 그려 봐."

"이렇게?"

룩희의 부탁에 멍지가 허공에 별 모양을 그렸다. 그러자 허공에 불꽃의 흔적이 별을 만들었다.

"나도 해 볼래!"

불꽃의 흔적이
선처럼 보여.

　상남이도 막대 폭죽으로 허공에 여러 가지 무늬를 만들었다. 룩희
가 그 모습을 사진기에 담았다. 불꽃이 꺼지자 주변이 더 어둡게 느
껴졌다.

　"애들아, 하늘 좀 봐. 별이 쏟아질 것처럼 많아."

　지성이가 하늘을 올려다보면서 외쳤다. 다른 아이들도 고개를 들
었다.

"와, 정말 촘촘하다. 꼭 하늘에 별을 뿌려 놓은 것 같아. 도시의 하늘에도 이렇게 많은 별들이 보이면 좋을 텐데. 아, 사진으로 남겨야지."

룩희가 얼른 디지털 카메라를 꺼내 들고 밤하늘을 찍었다. 하지만 카메라의 액정 화면에는 새까만 밤하늘만 찍혔다.

그림자로 지구 크기를 재어라!

"엥? 어둡기만 하네. 저렇게 밝게 빛나는 별은 다 어디 간 거야?"

"밤하늘의 별 사진을 찍으려면 그렇게 바로 셔터를 누르는 게 아니야. 렌즈를 통해 빛이 충분히 들어오도록 셔터를 오래 열어 놔야 해."

지성이가 룩희의 카메라를 살폈다.

"지성이는 진짜 모르는 게 없네."

"이런 것쯤이야. 전에 사진에 대한 책을 열심히 읽었거든."

지성이는 기억을 더듬어 삼각대 위에 카메라를 설치한 다음 카메라 셔터를 열어 두었다.

"자, 이대로 카메라를 움직이지 않고 잠깐 두면 별이 찍힐 거야. 그런데 저녁이라 그런지 좀 쌀쌀하지 않니? 우리 텐트 안에 들어가서 기다릴까?"

"그래그래."

낮과 달리 온도가 급격하게 낮아져서 떨고 있던 참이었다. 아이들은 지성이의 말이 떨어지기 무섭게 우르르 텐트 안으로 들어갔다.

"얘들아, 일어나! 우리가 잠들어 버렸나 봐."

얼마 후 잠에서 깬 상남이가 아이들을 깨웠다. 텐트에 들어가서 누가 먼저랄 것도 없이 곯아떨어졌던 것이다.

"그러게. 잠깐만 쉬다가 나온다는 게…… 으앗! 벌써 세 시간이나

125

5. 지구의 허리띠, 적도

지났어! 얼른 카메라부터 확인해 보자."

"여러분, 더 추울지 모르니 목도리도 두르고 나가세요. 아니, 저도 같이 가죠. 사진도 볼 겸."

저녁 식사를 마친 뒤 줄곧 텐트 안에서 책을 읽고 있던 X맨이 아이들을 따라나섰다.

"아, X맨! 여기 있으면서 왜 우리를 안 깨웠어요?"

"이럴 때 보면 진짜 방해꾼 같아."

아이들은 X맨에게 한마디씩 하며 텐트를 나섰다. 가장 먼저 카메라에 다가간 지성이가 다급한 목소리로 말했다.

"어? 이거 왜 이렇지? 이상한 곡선이 여러 개 찍혔어. 하늘에는 그런 선이 없는데."

"밖에 오래 놔둬서 카메라가 망가졌나 봐."

멍지도 룩희의 카메라를 보고 걱정스럽게 말했다.

"어디 저도 한번 볼까요? 오호. 제대로 찍혔네요."

X맨이 룩희의 카메라를 받아 들고는 싱긋 웃음을 지었다. 그 모습을 본 룩희가 버럭 화를 냈다.

"나빠요, X맨. 우린 망가진 카메라 때문에 심각한데!"

"무슨 그런 섭섭한 말씀을! 이건 망가진 게 아니에요. 여러분은 별의 일주 운동을 사진에 담은 거예요."

X맨이 고개를 가로저으며 말했다.

그림자로 지구 크기를 재어라!

"그게 뭔데요? 별의 일주 운동? 처음 들어 보는데."

모두들 같은 마음으로 X맨을 바라봤다.

"여러분도 본 적이 있을 거예요. 도로를 일정 시간 동안 찍은 사진. 움직이는 자동차의 전조등 불빛이 이어져서 불빛이 마치 하나의 선처럼 찍힌답니다. 이 별 사진처럼요."

"불꽃놀이를 할 때 움직이는 불꽃의 궤적이 여러 가지 무늬가 되는 것처럼 말이구나!"

상남이가 무릎을 쳤다.

"그런데 지금은 아무도 별을 움직이지 않았는데……."

멍지가 중얼거렸다.

"그럼 혹시 별이 움직인다는 말이에요?"

룩희가 조심스럽게 물었다.

"별이 움직인 걸까요? 지구가 움직인 걸까요? 무언가가 움직였으니 이런 사진이 찍혔겠죠?"

X맨은 이번에도 질문으로 대답을 피하며 씨익 웃었다.

"당연히 지구가 도는 거죠. 우리가 자전도 모를까 봐요? 뭐, 지구가 도는 게 느껴지지는 않지만, 학교에서 배웠어요."

"맞습니다. 지구는 하루에 한 바퀴씩 돌아요. 몸으로는 느끼지 못해도 지금도 우리는 지구와 함께 돌고 있답니다. 달리는 버스 안에 있으면 우리가 움직인다는 것을 못 느끼지만, 바깥 풍경이 움직이는 걸 보면 버스가 달리고 있다는 사실을 알 수 있죠? 같은 원리로 지구 바깥의 별이 움직이는 걸 보고 지구가 돈다는 걸 알 수 있죠."

"아, 너무 어려운데……."

잠자코 듣고 있던 멍지가 중얼거렸다.

"조금만 생각해 보면 아주 쉬워요. 마침 우리가 타고 온 차 안에 회전의자가 있더군요. 한번 의자에 앉아서 확인해 볼까요? 여러분의 도움이 필요해요. 두 사람만 따라와 주세요."

X맨이 갑자기 차를 향해 뛰어가며 외쳤다. 룩희와 지성이가 재

빨리 따라갔다. 잠시 후 세 사람은 회전의자와 발 받침대, 그리고 긴 낚싯대를 들고 돌아왔다. 낚싯대 끝에는 형광 낚시찌가 달려 있었다.

"룩희랑 지성이, 고마워요. 상남이가 이 회전의자에 앉아 보겠어요? 멍지는 이 발 받침대에 올라서서 낚시찌가 상남이의 머리 위 앞쪽에 가도록 들고 있어 주세요. 제가 이 의자를 돌릴 동안 상남이는 낚시찌가 어떻게 움직이는지 보세요."

상남이와 멍지는 얼떨결에 조금 우스꽝스러운 실험에 참여하게 되었다.

"저는 그냥 앉아 있으면 돼요?"

"앉아서 위를 올려다보세요. 지금 상남이가 앉아 있는 회전의자가 자전하는 지구입니다. 그리고 낚시찌는 별이겠죠? 낚시찌가 어떻게 움직이는지 보세요. 자, 의자 돌립니다."

X맨이 상남이의 의자를 천천히 다섯 바퀴쯤 돌렸다.

"상남이가 있는 지구를 시계 반대 방향으로 자전시켰어요. 상남 학생, 낚시찌가 어떻게 보였나요?"

"낚시찌가 별이죠? 제가 돌아가는 방향과 반대 방향으로 별이 움직였어요."

"나는 안 움직였어, 상남아."

멍지가 낚싯대를 든 채로 말했다. 상남이가 회전의자에서 벌떡 일

5. 지구의 허리띠, 적도

그림자로 지구 크기를 재어라!

어났다.

"정말이야? 그럼 별이 움직이는 게 정말 지구가 자전하기 때문이었구나! 지구가 돈다는 말은 들은 적이 있지만 사실 믿기지 않았는데, 이렇게 해 보니까 정말인 것 같네. 멍지야, 너도 한번 앉아 봐. 역시 직접 해 보는 것만 한 게 없다니까."

상남이가 멍지에게 다가가며 말했다. 멍지가 발 받침대에서 내려오며 상남이에게 낚싯대를 건넸다.

"응. 나도 앉아 볼게. 낚싯대 좀 들어 줘."

이번에는 멍지가 회전의자에 앉고 상남이가 낚싯대를 들었다. 멍지의 머리 바로 위에 낚시찌가 드리워졌다. X맨이 멍지의 의자를 돌렸다. 멍지는 기대에 차서 낚시찌를 올려다봤다. 하지만 의자를 돌려도 멍지의 눈에는 낚시찌가 그대로 멈춰 있었다.

"대체 뭐가 움직인다는 말이야? 낚시

내가 보기엔 그대로 있는데?

찌가 한가운데에 그대로 있는데."

멍지가 이상하다는 듯이 물었다. 그러자 X맨이 연필을 꺼내 들고
세 개의 그림을 그렸다.

"자, 힌트가 필요한 것 같군요. 첫 번째 그림은 위도가 가장 높은 북
극에서 관측한 별의 일주 운동입니다. 두 번째 그림은 우리가 있는 이
곳처럼 중위도 지역에서 보이는 별의 일주 운동입니다. 그리고 위도가
가장 낮은 적도에서는 세 번째 그림처럼 별이 일주 운동을 합니다."

"아, 지구가 자전축을 중심으로 돌기 때문에 위도에 따라 다르게 보
이는 거군요."

"별들은 그대로 있는데 어디에서 보느냐에 따라 별의 일주 운동 방
향이 달라지네. 신기하다."

멍지와 룩희가 그림을 자세히 보고 고개를 끄덕였다. 지성이만 여전
히 고개를 갸웃거리다가 물었다.

"그런데 여기, 지구의 자전과 상관없는 별도 있는 거 같아요. 한
가운데 있는 별은 왜 움직이지 않는 것처럼 보이죠?"

X맨이 놀란 표정으로 지성이를 바라봤다. 아이들도 다시 사진을
살펴봤다.

"그걸 벌써 관찰했나요? 지금 말해 주려고 한 게 바로 그 별이에
요. 그 별은 지구 자전축과 일치하는 곳에 있어요. 지구의 북극 바
로 위쪽에 있죠."

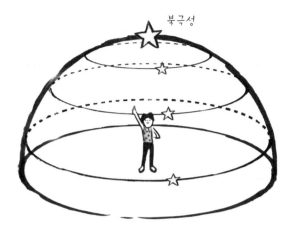

← 북극에서 본 별의 일주 운동

중위도 지역에서 본
별의 일주 운동 →

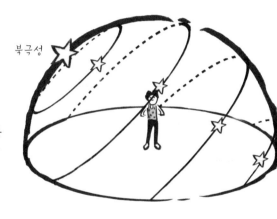

← 적도에서 본 별의 일주 운동

"아! 그럼 이 별이 북극성?"

룩희가 물었다.

"맞아요, 북극성. 지구에서 언제 보아도 움직이지 않기 때문에 이 별을 '길잡이 별'이라고 부르기도 하죠."

"그럼 방금 전에는 낚시찌가 바로 머리 위에 있어서 회전하지 않은 거구나! 북극성처럼!"

멍지가 벌떡 일어나며 소리쳤다.

"생각보다 쉽게 북극성과 지구 자전의 관계를 이해했군요. 상남이는 멍지의 머리 꼭대기 바로 위에 별을 들고 있었죠? 그래서 멍지가 제자리를 돌아도, 즉 지구가 자전을 해도 그 별이 움직이지 않았어요. 북극에 서서 북극성을 올려다보는 경우와 거의 비슷하다고 할 수 있겠네요. 쉽죠?"

아이들이 환한 표정으로 고개를 끄덕였다. 룩희와 지성이도 회전 의자에 앉아서 지구의 자전과 별의 일주 운동을 이해하는 실험을 해 보았다. 아이들이 한참 실험에 빠져 있는데 X맨이 진지한 표정으로 아이들을 불렀다.

"여러분."

순간 아이들의 머릿속에 똑같은 생각이 떠올랐다.

"드디어…… 그 시간인가요?"

"네. 여러분에게 그 시간이 돌아왔습니다. 이번 문제에 대해 알려 드려야겠네요. 내일 아침에 여러분의 텐트로 문제가 적힌 편지가 도착할 겁니다."

"이럴 줄 알았다니까. 그냥 즐겁게 여행하면 안 돼요? 한참 신났는데."

"이 문제 때문에 이 여행을 더 잊지 못하게 될 거예요. 모두 힘내세요. 밤이 늦었으니 내일을 위해 어서 텐트로 돌아가 푹 자 두세요. 그럼 아침에 밝은 얼굴로 만나요."

아이들이 환한 표정의 X맨을 뒤로하고 투덜거리며 텐트로 돌아갔다.

아침에 일어나니 텐트 앞에 편지 봉투가 놓여 있었다. 편지지에 글씨가 빼곡했다.

"우리에게 문제를 던져 주고 자기는 관광을 떠나다니……."

"어쩐지 어제저녁에 X맨이 즐거워 보이더라니. 우리만 쏙 빼놓고 혼자 여행 갈 생각에 신났던 거군!"

"한마디로, 틀리면 하와이에 못 간다는 거잖아."

"문제도 급하게 지었나 봐. 아래 부분은 손으로 썼어. X맨은 아무래도 허술한 구석이 있다니까."

아이들은 편지를 앞에 놓고 한마디씩 했다. 하지만 X맨이 곁에 없다는 사실에 섭섭함이 컸다.

TV쇼 지구 여행단
"지구에서 가장 빠르게 움직이고 있는 나라는 어디일까요?"

제한 시간 : 지금으로부터 4시간

밤늦게까지 별을 보고 실험하느라 피곤했을 텐데 잘 쉬었나요? 이번에 여러분이 해결해야 할 문제는 아래의 세 가지 조건을 만족하는 나라를 찾는 것입니다.

1. 지구에서 가장 빨리 움직이고 있는 나라
2. 아프리카에 있는 나라
3. 알파벳 U로 시작하는 나라

답은 이번 여행에서 얻은 경험을 활용해야 찾을 수 있습니다. 이번 문제를 해결한다면 여러분에게 이집트에서의 보너스 여행과 다음 여행지로 갈 수 있는 비행기 표가 주어집니다. 해결하지 못한다면 이곳의 여행을 바로 접고 다음 여행지인 하와이로 이동합니다. 하지만 비행기가 아닌 차로 이동해야 한답니다. 하와이는 섬이라는 걸 알고 있죠? 하하하! 부디 문제를 잘 해결해서 여행을 계속하기 바랍니다.

여러분이 답을 찾는 동안 저는 카이로 시내를 미리 관광하고 오겠습니다. 만약에 여러분이 문제를 풀지 못하면 저도 세계 여행을 멈춰야 하니까요. 내일 아침 카이로 시내 관광을 함께 하려면 오늘 답을 찾기 바랍니다. 저녁에는 제가 여러분에게 긴히 할 얘기도 있고요. 그럼 4시간 후에 만나요.

그림자로 지구 크기를 재어라!

"우리도 질 수 없지. 꼭 해결해서 보너스 여행도 하고 비행기 표도 얻도록 하자. 이집트까지 와서 여행도 더 못해 보고 떠나면 너무 아쉽잖아."

"그래, 모두 힘내자. 그런데 이번 여행에서 얻은 경험이 뭐지? 우리가 경험한 거라면 사막에서 벌인 바비큐 파티? 아니면, 밤에 별 사진을 찍은 것?"

지성이와 룩희가 문제를 다시 읽어 보기 시작했다.

"그게 다지, 뭐 별다른 게 있었어? 맞다. 잠자기 전에 했던 실험! **별이 선처럼 찍힌 건 지구가 자전하기 때문이라는 걸 알았지.**"

"혹시…… 지구에서 가장 빨리 움직이는 곳이라면 지구가 자전할 때 제일 빨리 도는 곳이 아닐까?"

멍지의 말에 상남이가 의견을 냈다. 그 말을 듣고 룩희의 눈이 동그래졌다.

"맞는 것 같아. 자전이 힌트인 게 확실해. 그런데 지구 전체가 하루에 한 바퀴 돌잖아. 그중 특별히 빨리 움직이는 곳이 있을 수 있어?"

룩희의 지적에 아이들이 다시 조용해졌다. 한참 뒤 지성이가 말문을 열었다.

"이렇게 생각해 보면 어때? 빨리 움직인다는 건 같은 시간에 더 많은 거리를 움직이는 걸 말하잖아. 그렇지?"

아이들은 지성이가 무슨 말을 하는지 잘 모르겠다는 표정이었다.

지성이가 갑자기 가방을 뒤졌다.

"미니 지구본 어디 갔지? 잠깐만······."

지성이는 지구본을 몇 바퀴 돌려 보더니 환하게 웃었다.

"아, 정답은 여기 있구나. 찾았어! 얘들아, 내 얘기 잘 들어 봐."

아이들은 여전히 지성이의 행동을 지켜볼 뿐이었다. 지성이가 가방에서 빨간색 색연필을 꺼내 들고 지구본을 아이들 쪽으로 내밀었다.

"우리가 지금 이집트 사하라 사막에 와 있잖아. 여기를 점으로 표시할게."

지성이가 지구본의 이집트에 빨간색 점을 찍었다.

"그다음에는······ 바로 전 여행지인 캐나다 오타와를 표시해 보자. 캐나다는 이집트보다 위도가 높은 곳에 있네. 그리고 어제 X맨이 이야기했던 북극에도 점을 하나 찍을게."

아이들은 지성이가 이집트, 캐나다, 북극에 찍은 세 개의 점을 확인했다.

"어제 우리는 실험을 통해 별의 일주 운동이 지구의 자전 때문이라는 것을 알았어. 지금 찍은 세 개의 빨간색 점에 우리가 한 명씩 서 있다고 생각해 봐. 자, 내가 지구본을 돌려 볼게. 우리가 어떻게 움직이니?"

아이들이 지구본에 다시 집중했다. 지성이가 지구본을 빠르게 돌리자, 세 개의 빨간색 점이 선을 그렸다. 지성이가 상남이에게 물었다.

그림자로 지구 크기를 재어라!

"상남아, 북극에 찍은 점이 어떻게 움직이니?"

"북극은 자전축 위에 있기 때문에 지구본을 돌려도 점이 그 자리에 그대로 있네."

"그래, 그럴 거라고 예상했어. 그럼 캐나다와 이집트에 찍은 점은?"

"당연히 원을 그리지. 둥근 지구를 돌리니까."

적도에 가까울수록 자전할 때 큰 원을 그려.

상남이가 조금 신경질을 내며 대답했다. 상남이는 자꾸 당연한 걸 묻는 지성이를 이해할 수 없었다. 그때 멍지가 외쳤다.

"상남아, 두 개의 원을 봐. 크기가 달라."

"크기가 다르다는 게 무슨 뜻인데?"

상남이가 얼굴을 찡그리자 다시 지성이가 나섰다.

"세 지점 중 가장 낮은 위도에 있는 이집트가 가장 큰 원을 그리고 있잖아. 즉, 적도에 가까운 지방일수록 지구가 자전할 때 더 긴 거리

그림자로 지구 크기를 재어라!

를 움직인다는 얘기야."

그제야 상남이의 표정이 밝아졌다.

"아, 그렇구나. 하루 동안 더 긴 거리를 움직이니까, 적도 지방에 있는 나라가 더 빨리 움직이는 셈이네! 이제 보니 적도를 나타내는 선이 지구의 허리에 띠를 두른 것같이 보이지 않니?"

"하하, 그렇네. 아프리카 대륙에서 적도 가까이 있는 나라를 찾자. 알파벳 U로 시작하는 그 나라는 어디냐 하면……."

멍지가 재빨리 지구본을 돌려 아프리카 대륙을 찾았다. 함께 적도 부근의 나라를 살피던 아이들이 동시에 외쳤다.

"우간다!"

"와! 우리 네 시간이 주어진 문제를 두 시간도 안 걸려서 풀었어. X맨은 언제 오는 거지?"

"저를 찾았나요?"

마치 뒤에서 보고 있던 것처럼 곧바로 X맨이 나타났다.

"어휴, 깜짝이야! X맨 언제 왔어요? 혹시 뒤에서 보고 계셨어요?"

"무…… 무슨 그런 말도 안 되는. 막 도착했답니다. 문제를 못 풀까 걱정이 돼서 오랫동안 여행을 할 수 없었습니다. 그런데 답을 거의 찾았나 보죠?"

"거의라니요? 다 했어요. 지성아, 지구본으로 얼른 설명해 드려."

지성이가 지구본을 들고 X맨에게 다가갔다. 그러자 X맨이 지성이의 지구본을 빼앗아 상남이에게 넘겨주며 말했다.

"지성이가 풀었다면 설명은 상남이에게 부탁해도 될까요?"

"제, 제가요?"

상남이는 당황했지만, 아까 지성이가 이야기한 정답을 침착하게 설명했다. 상남이가 설명을 마치자 아이들이 X맨을 빤히 쳐다보았다. 빨리 결과를 알려 달라는 뜻이었다. X맨이 침을 한 번 꼴깍 삼키고 입을 열었다.

"정답입니다."

"야호! 우리가 해냈다."

아이들이 서로 얼싸안고 방방 뛰었다.

"이번 문제는 답을 찾아내는 과정이 중요했는데 훌륭하게 해냈군요. **마치 허리띠처럼 지구 한가운데를 둘러싼 부분을 적도라고 합니다.** 위도가 낮을수록, 즉 적도에 가까울수록 자전할 때 더 빨리 움직이는 셈이죠."

"아리송한 문제를 푸니까 더 재밌어요."

"후후. 그렇다면 앞으로 더 아리송한 문제들을 준비하죠. 여러분이 정답을 맞추지 못하면 유적도 못 보고 떠나야 했기 때문에 저도 은근히 걱정했답니다. 정말 축하해요. 이제 차를 타고 세계 7대 불가사의 중 하나로 꼽히는 유적에 들를 겁니다. 그리고 약속했던 하와이행 비행기 표는 여기 있습니다."

그림자로 지구 크기를 재어라!

"와! 7대 불가사의인 유적이 무얼까?"

"음, 여러분, 그리고……."

X맨이 뭔가 더 말하려고 했지만, 아이들은 X맨의 말에 귀를 기울일 틈도 없이 재잘거렸다.

"이 여행을 기획한 까닭을 말해 주려고 했는데……."

X맨이 씁쓸한 표정으로 중얼거렸다.

TV쇼 지구 여행단
퀴즈4

북극에서 북쪽 하늘을 관찰하면 북극성과 주변의 별들이 어떻게 움직일까요?

지구 둘레를 재는 비례식

"세계 7대 불가사의 중 하나가 이 근처에 있다고? 분명 쿠푸 왕의 피라미드일 거야."

"쿠푸 왕의 피라미드?"

아이들이 모두 멍지를 바라봤다.

"응. 얼마 전에 TV에서 봤거든. 피라미드는 고대 이집트 왕들의 묘야. 고대 이집트인들은 왕이 죽으면 하늘로 올라가 별이 되고 태양신과 함께 하늘을 순회한다고 믿었어. 그래서 죽은 왕의 영혼이 피라미드를 계단 삼아 하늘로 올라갔다고 생각했대."

"네. 멍지의 말대로 보너스 여행을 할 곳은 피라미드입니다."

X맨이 끼어들며 말했다.

"이곳 이집트에는 수많은 피라미드가 있는데 기자에 있는 것이 특히 유명합니다. 이제 거의 도착했어요. 저 멀리 보이나요?"

"와! 크기가 장난이 아닌데요."

"진짜! 깨알 같은 모래만 있는 이 사막에 이렇게 큰 돌들이 있었단 말이야?"

"돌 하나의 높이가 우리 키보다도 커! 그럼 도대체 이 피라미드는 얼마나 높다는 거지?"

아이들은 거대한 피라미드를 보고 입이 벌어졌다.

"피라미드의 높이라……. 여러분, 고대 그리스의 철학자 탈레스는 이런 막대기 하나로 이 피라미드의 높이를 쟀다는 사실을 아나요?"

X맨이 빙긋이 웃으며 품에서 조그만 나무 막대 하나를 꺼내 보였다.

"X맨, 허풍이 좀 심하신걸요. 이 조그만 걸로 어떻게 저 높은 피라미드의 높이를 재요? 탈레스가 꼭대기까지 기어 올라가면서 피라미드 벽에 막대 길이만큼씩 표시하기라도 했나요?"

"에이, 올라가다 미끄러지겠다. 그리고 벽면 길이를 쟀다고 높이를 알 수 있을까? 그건 아닌 것 같아."

상남이가 나무 막대를 보고 X맨에게 따지듯 묻자, 룩희가 대신 고개를 저었다.

X맨은 아이들을 둘러본 다음 모래 바닥에 나무 막대를 세웠다. 그리고 바닥을 가리키며 말했다.

"여기를 보세요. 막대를 꼭 자처럼 이용해야 하는 건 아니죠. 탈레스는 뛰어난 관찰력의 소유자였답니다. 자연 현상을 잘 관찰하면 많은 문제들을 풀 수 있답니다. 해답은 막대와 태양, 그리고 막대의 '이것'에 있지요. '이것'이 뭘까요?"

"그게 뭐예요? 그냥 땅을 가리키는 것은 아닌 것 같은데……. 돌멩이? 모래?"

아이들은 막대와 그 주변을 천천히 살폈다. 아직 오전이었지만 태양이 뜨겁게 내리쬈다.

"힌트 좀 주세요."

상남이가 투덜거리려는 순간 멍지가 관찰력을 발휘했다.

"혹시…… 그림자?"

"맞아요, 멍지 학생. **탈레스는 바로 그림자를 이용했습니다.** 탈레스는 이집트를 여행하다가 피라미드의 높이가 궁금해졌어요. 하지만 어느 누구도 피라미드의 높이를 알지 못했지요. 그러던 어느날 그림자를 관찰하게 됐습니다. **그림자가 태양의 정반대 쪽에 생기며, 태양이 이동하는 데 따라 이동한다는 것, 그리고 그림자의 크기가 사물의 크기에 비례한다는 사실을 관찰했답니다.**"

"근데 비례한다는 게 무슨 말이야?"

룩희가 지성이에게 조용히 물었다.

"룩희 학생, 그건 아마 지성이도 잘 모를 거예요."

그림자로 지구 크기를 재어라!

그림자가
힌트입니다.

그 말에 지성이가 머리를 긁적였다.

"한쪽의 양이나 수가 증가하는 만큼 그와 관련 있는 다른 쪽의 양이나 수도 증가하는 걸 비례한다고 해요. 지금 상남이와 룩희가 나란히 서 있어요. 그런데 발밑을 보세요. 상남이의 그림자가 더 길죠?"

"그야 상남이가 저보다 키가 크니까요."

"네. 키가 크면 그림자도 길죠. 키가 작으면 그림자도 짧고요. 햇빛이 어떤 물체나 같은 각도로 비추기 때문이에요. 그래서 상남이의 키와 상남이의 그림자 길이의 비와, 룩희의 키와 룩희의 그림자 길이의 비가 같습니다."

"비? 비는 뭔데?"

상남이가 지성이에게 물었다.

"비는 수나 양을 서로 비교하여 몇 배인지 나타내는 것을 말해. 예를 들어 여기에 있는 남자와 여자의 수를 비로 나타내면, X맨까지 포함해서 남자는 3명, 여자는 2명이니까 3 : 2로 쓸 수 있는 거야."

"맞습니다. 여러분, 비율이라는 개념도 알고 있나요? **비율이란 비를 표현하는 :의 뒤에 있는 수를 기준으로 나타내는 것입니다.** 지성이가 든 예로 비율을 나타내 보죠. 여자의 수를 기준으로 한 남자의 수를 비율로 나타내 보면 여자 2명에 남자 3명이니까 $\frac{3}{2}$ 입니다."

"그런데 X맨, 도대체 그림자로 어떻게 피라미드의 길이를 쟀다는 거예요? 궁금해 죽겠어요."

룩희가 애원하듯 말했다.

"여러분이 비와 비율을 이해했으니까 실제로 활용해 볼게요. 뒤에 있는 저 기다란 표지판의 높이를 알아볼까요? 명지 학생, 키가 몇이죠?"

X맨이 아이들 뒤에 있는 버스 정거장 표지판을 가리키며 말을 이었다.

"제 키요? 120센티미터요. 갑자기 키는 왜요?"

"멍지의 키를 알면, 방금 배운 비를 이용해서 저 표지판의 높이를 알아낼 수 있어요. 멍지는 그 자리에 서 있어 봐요. 제가 줄자를 줄 테니 상남이가 멍지의 그림자 길이를 재 볼래요?"

상남이는 멍지의 발끝에서부터 멍지의 그림자 길이를 쟀다.

6. 지구 둘레를 재는 비례식

"멍지의 그림자 길이는 50센티미터예요."

"저 버스 표지판의 그림자 길이도 재 보세요."

상남이가 룩희의 도움을 받아 버스 표지판의 그림자 길이를 쟀다.

"음…… 버스 표지판의 그림자 길이는 100센티미터입니다."

"멍지의 그림자 길이가 50센티미터인데 버스 표지판의 그림자 길이가 100센티미터이면 두 배가 되네요."

"아, 물체와 그림자의 길이가 이루는 비가 일정하니까…… 그림자의 길이가 두 배이면 버스 표지판의 높이가 멍지 키의 두 배가 된다고 짐작할 수 있는 거예요?"

"멍지 키의 두 배이면 240센티미터?"

룩희와 지성이가 동시에 물었다.

"네. 두 사람이 벌써 알아챘네요. 비례식으로도 구할 수 있어요. 멍지의 키와 멍지의 그림자 길이가 만드는 비와, 버스 표지판의 높이와 버스 표지판의 그림자 길이가 만드는 비가 같으니까 이렇게 쓸 수 있습니다."

X맨이 모래에 비례식을 썼다.

멍지의 키 : 멍지의 그림자 길이 = 표지판의 높이 : 표지판의 그림자 길이

120cm : 50cm = ☐cm : 100cm

그림자로 지구 크기를 재어라!

6. 지구 둘레를 재는 비례식

"비례식에서는 등호에 가까운 두 숫자를 곱한 값과, 등호에서 멀리 있는 숫자를 곱한 값이 같습니다. 그래서 $50 \times \square = 120 \times 100$ 이이라는 식을 세울 수 있죠. 즉, $\square = 120 \times 100 \div 50$ 이고, 이 식을 풀면 표지판의 높이 240센티미터를 구할 수 있어요."

"와! 신기하다. 직접 재지 않고 높이를 알 수 있다니."

"그럼 피라미드도 그림자의 길이만 알면 비례식을 세워서 높이를 알 수 있겠다!"

상남이와 멍지가 동시에 외쳤다.

"그렇죠. 탈레스는 막대와 막대의 그림자 길이 비가 피라미드와 피라미드의 그림자 길이 비와 같을 거라 생각했답니다. 그래서 두 비를 연결해서 이런 비례식을 세웠습니다."

막대의 길이 : 막대의 그림자 길이 = 피라미드의 높이 : 피라미드의 그림자 길이

룩희는 심각한 표정으로 피라미드의 그림자를 바라보고 있었다. 이윽고 룩희가 말을 꺼냈다.

"그런데 제가 생각하기엔 좀 문제가 있는 것 같은데요. 저 피라미드를 보세요. 피라미드는 아래에서 위로 갈수록 좁아지는 사각뿔 모양이잖아요. 그래서 눈에 보이는 그림자가 전체 그림자라고 할 수 없어요."

그림자로 지구 크기를 재어라!

"오! 룩희가 중요한 걸 발견했군요. 맞아요. 탈레스도 같은 고민을 했답니다. 그래서 **바닥에 드리워진 피라미드 그림자의 길이를 재고, 거기에 피라미드 밑변의 절반의 길이를 더했어요. 숨어 있는 그림자의 길이까지 포함한 거죠.** 이집트인들은 그 후 피라미드의 높이를 잰 탈레스를 '비례의 신'이라고 불렀답니다."

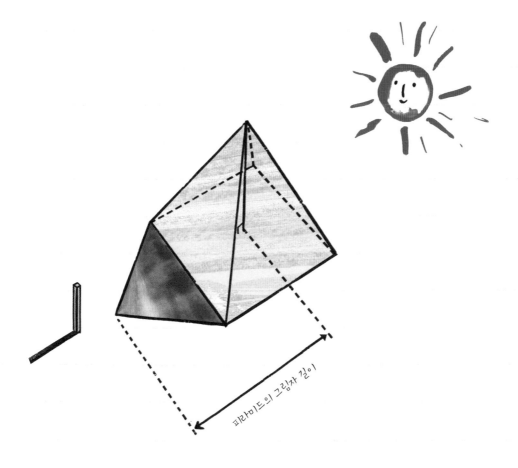

피라미드의 그림자 길이

6. 지구 둘레를 재는 비례식

"비례를 잘 이용하면 직접 재지 않아도 높이를 구할 수 있네요. 신기해요."

"모두들 피라미드의 높이를 구하느라 고생하셨습니다. 간단히 점심 식사를 하고 피라미드 내부를 구경하도록 하죠. 메뉴는 피자입니다."

"앗, 얼른 먹고 싶어요. 배고파요."

더위와 피로에 지친 아이들은 X맨이 상자를 열자마자 허겁지겁 피자를 집어 들었다. 피자 한 판이 같은 크기로 나누어져 있었다. 배가 고팠던 아이들은 어느새 피자 두 판을 거의 다 먹어 치웠다.

"이제 한 조각 남은 거야?"

한참을 말도 없이 먹다 보니 남은 건 한 조각뿐이었다. 아이들은 서로 눈치를 보며 마지막 한 조각을 쳐다보고 있었다.

"하하. 한 조각이 남았네요. 누가 먹을까요?"

"가위바위보로 정해요."

"에이, 지구 여행단에게 너무 편한 게임은 어울리지 않습니다. 피자 한 조각을 걸고 문제를 내죠. 맞춘 사람이 먹는 거예요. 이 게임이 싫은 사람은 도전하지 않아도 좋습니다."

아이들은 문제를 풀어야 하는 게 맘에 들지 않았지만, 피자를 먹고 싶은 마음에 모두 동의했다. 상남이는 아까 배운 비례식이 나올 것 같아 벌써 줄자를 꺼내 들었다.

"지금 남아 있는 피자 한 조각의 ⊛ 호의 길이는 약 12센티미터입니다. 그렇다면 먹기 전 피자 전체의 둘레 길이는 몇 센티미터일까요?"

⊛**호**
부채꼴의 곡선 부분 둘레

아이들은 뜻밖의 문제에 어리둥절한 표정을 지었다.

"이미 다 먹었는데 둘레 길이를 어떻게 재요?"

"이것도 비례식으로 풀어야 되는 거죠?"

"그런데 처음에 몇 조각이었지?"

6. 지구 둘레를 재는 비례식

아이들이 혼란스러워하자 X맨이 슬쩍 힌트를 줬다.

"피자 한 조각의 중심각은 45도입니다. 원 전체에서 45도가 차지하는 비율을 생각해 보세요."

"원 전체요?"

"원의 중심각은 360도인데……."

"45도는 원 전체에서……."

아이들이 여전히 헷갈려하고 있는데, 멍지가 손을 번쩍 들었다.

"알겠다. 12×8=96. 피자 전체의 둘레 길이는 약 96센티미터예요!"

아이들은 놀라서 멍지와 X맨을 번갈아 쳐다봤다.

"정답!"

"진짜예요?"

X맨의 말에 아이들은 허탈한 표정을 지었다. 멍지는 냉큼 마지막 피자 한 조각을 베어 물었다.

"멍지야, 너 대체 어떻게 알았어?"

룩희가 부러워하며 멍지에게 물었다.

"간단해. 12센티미터짜리가 여덟 조각 있었으니까 12에 8을 곱했지."

멍지가 후딱 한 조각을 먹어 치우고 대답했다.

"여덟 조각인지 어떻게 알았어? 아까 먹기 전에 세어 두었니?"

룩희가 다시 물었다.

그림자로 지구 크기를 재어라!

"아니. X맨이 한 조각의 중심각이 45도라고 했잖아. 원의 중심각은 360도니까 $\frac{45}{360} = \frac{1}{8}$. 즉, 중심각이 45도인 부채꼴이 여덟 조각 모여 있다는 이야기잖아."

"그래요. 멍지가 아주 쉽게 답을 맞혔어요. 혹시 비례식으로도 설명해 줄 수 있나요?"

멍지가 자신 있게 모래 바닥에 비례식을 썼다.

피자 한 조각의 중심각 : 피자 한 조각의 호의 길이

= 피자 한 판의 중심각 : 피자 한 판의 둘레 길이

$45° : 12cm = 360° : \boxed{}cm$

"네가 설명해 주니까 진짜 쉽다."

상남이의 말에 X맨도 고개를 끄덕였다. 하지만 아이들의 표정에는 여전히 아쉬움이 가득했다.

"저기…… X맨, 우리 상품을 걸고 게임을 한 번 더 하는 거 어때요?"

"맞아요. 상품이 걸려 있으니까 재밌어요."

X맨은 의외의 제안에 놀랐지만 아이들의 요구를 들어주기로 했다.

"하하. 여러분의 적응력에 제가 깜짝 놀랐습니다. 이제 여러분 스스로 문제를 원하다니 말예요. 그렇다면 게임을 더 재밌게 만들어야죠. 지성이와 상남이, 룩희와 멍지 이렇게 팀을 나눠서 하와이에서의 식사를 걸고 한 게임 어때요?"

"좋아요!"

아이들은 각자 자신의 팀이 문제를 해결하겠다는 각오로 자신 있게 대답했다.

"문제는 카이로 공항에 가서 풀기로 하죠. 제게도 문제를 만들 시간이 필요하니까요."

아이들은 편을 나눠 문제를 추측하면서 카이로 공항으로 향했다. 공항에 도착할 때까지 X맨은 차 안에서 머리를 쥐어짜고 있었다. 아이들은 기대에 차서 공항에 내렸다. 처음으로 아이들이 문제를 기다리는 순간이었다.

"여러분, 제가 고민을 많이 했는데요, 문제가 조금 어렵습니다."

"괜찮아요! 하와이에서의 식사가 걸린 문젠데요, 까짓것."

"우리 팀도 자신 있어요."

상남이와 멍지가 서로 들으라는 듯 큰소리를 쳤다. X맨이 씨익 웃고 말을 이었다.

"그렇다면 문제를 공개하지요. 아까 우리가 피라미드의 그림자 길이로 피라미드의 높이를 구하는 법을 알아봤으니, 오늘은 그림자에 관련된 문제를 계속해 볼까요?"

"그림자요?"

그림자로 지구 크기를 재어라!

"그림자를 이용해서 지구의 둘레를 측정한 그리스의 수학자 에라토스테네스가 알렉산드리아 도서관의 관장이었으니, 이집트와 딱 어울리는 문제 같군요."

"그림자로 지구의 둘레를 측정했단 말예요? 이집트엔 정말 대단한 사람이 많네요."

상남이의 눈이 동그래졌다.

"이젠 여러분이 위대한 사람이 돼 볼 차례입니다. 문제입니다. 제가 읽어 주는 내용을 듣고 에라토스테네스가 되어 지구의 둘레를 계산해 보세요. 아, 문제에 나오는 시에네는 알렉산드리아 아래쪽에 있는 지역 이름입니다."

X맨이 동그라미 위에 알렉산드리아와 시에네의 위치를 표시한 종이를 나눠 줬다.

"이 동그라미는 지구이고, 위에 있는 점이 이집트의 알렉산드리아인가요?"

"네. 그리고 아래 있는 점은 역시 이집트의 시에네라는 지역입니다. 두 지역은 거의 같은 경도에 있기 때문에 옆에서 보면 위아래로 나란합니다. 그 그림이 꼭 필요할 거예요. 이제 연필을 준비하세요."

아이들은 받은 그림을 들고 X맨에게 집중했다.

"지금부터 에라토스테네스가 지구의 둘레를 구한 힌트들을 하나씩 공개할 겁니다. 그때마다 들은 내용을 그림 위에 선과 숫자로 표

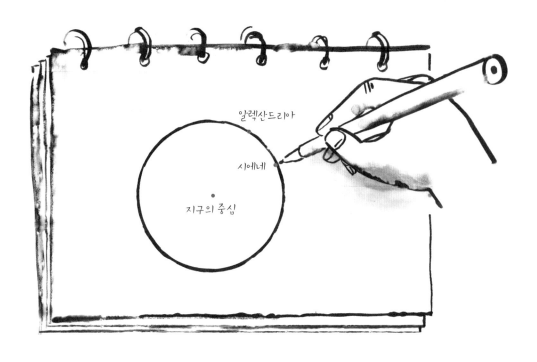

알렉산드리아

시에네

지구의 중심

시하면 돼요. 만약 도중에 지구의 둘레를 구하는 법을 끝까지 설명할 수 있다면 바로 손을 들면 됩니다. 시작해 볼까요?"

아이들은 어리둥절했지만 우선 X맨의 말을 들어 보기로 했다.

"네. 해 볼게요!"

"첫 번째 힌트! **하짓날 정오에 시에네에 있는 우물의 수면에 태양의 모습이 보인다.**"

X맨이 빠르게 힌트를 읊었다.

"앗, 잠깐만요! 시에네에 우물이 있어요?"

그림자로 지구 크기를 재어라!

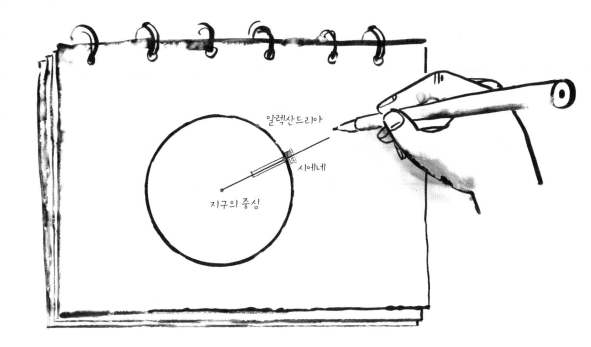

알렉산드리아

시에네

지구의 중심

멍지가 아까 받은 지도의 시에네 위치에 깊은 우물을 그려 넣었다.

"그런데 우물에 태양이 비친다는 건 무슨 뜻이지? 너무 어려워요."

멍지가 중얼거리자 X맨이 나섰다.

"자, 한 번만 더 생각해 보면 어려운 이야기가 아니랍니다. 우물은 폭이 매우 좁아요. 그런데 좁은 우물의 수면에 태양의 모습이 비친다는 건……."

"아, 태양이 우물 바로 위에 높이 떴다는 이야기네요?"

멍지가 X맨의 말을 받았다.

"맞아요. 쉽게 말하면 태양 광선의 각도가……."

"태양 광선이 우물의 바닥에 수직으로 내리쬐는 거네요."

이번에는 룩희가 말을 이었다. X맨이 놀라는 사이 멍지가 룩희의 말대로 우물의 바닥에 ★ 수직으로 들어오는 햇빛을 표시했다. 지성이와 상남이는 여전히 멍한 표정이었다. X맨은 지성이와 상남이는 잊고 멍지와 룩희를 보고 말을 이었다.

★ 수직
두 개의 직선이나 평면이 만나 직각을 이루는 것

"자, 계속해서 두 번째 힌트! **시에네와 지구의 중심을 잇는 선은 하짓날 시에네에 비추는 태양 광선과 평행하다."**

이번에는 룩희가 되묻지 않고 바로 연필을 들었다. 그리고 우물이 있는 점에서 지구의 중심까지 직선을 그었다.

"시에네와 지구의 중심을 이렇게 이으라는 이야기죠?"

"잘 따라오고 있어요. 자, 바로 세 번째 힌트! **정오에 알렉산드리아에 막대를 세우면 막대의 그림자가 생긴다.** 이때 시에네와 알렉산드리아에 비추는 태양 광선은 서로 평행하다."

멍지는 지구본에서 알렉산드리아를 찾아 나무 막대를 직접 세워 보았다. 룩희가 그 모습을 참고해서 알렉산드리아 지점에 태양광선과 막대의 그림자를 그려 넣었다.

"자, 이제 네 번째 힌트입니다. 어렵지 않으니까 잘 들어 보세요. **알렉산드리아에 세운 막대의 끝과 막대 그림자의 끝이 연결되도록 선**

그림자로 지구 크기를 재어라!

6. 지구 둘레를 재는 비례식

을 그리면 그 사이의 각도가 7.2도다."

이번에는 멍지와 룩희도 고개를 갸웃거렸다.

"힌트를 그대로 표시해 보자. 막대의 끝이랑 막대 그림자의 끝을 연결하라고 했지?"

멍지가 막대의 끝과 막대 그림자의 끝을 선으로 연결하고, 그 선과 막대 사이에 7.2도라고 각도를 표시했다. 그때 상남이가 처음으로 입을 뗐다.

"직접 안 그려 보니까 너무 어렵다. 나는 손을 못 대겠어. 지성아, 네가 얼른 그려 봐."

"나도 잘 모르겠어. 너도 생각을 좀 보태 봐."

상남이는 문제를 잘 듣지 않고 지성이만 바라보고 있었다. 지성이 역시 혼자서 내용을 이해하려고 애를 쓰느라 종이에 아무 그림도 그리지 못했다.

"지성이와 상남이 팀은 문제를 포기하는 건가요?"

X맨의 질문에 둘은 아무 대답도 못하고 서로 마주 보기만 했다.

"더 기다려 줄 수 없네요. 계속하겠습니다."

X맨이 단호하게 말을 이었다.

"다섯 번째 힌트! **알렉산드리아와 시에네는 800킬로미터 떨어져 있다.**"

룩희는 들은 내용을 부지런히 그림으로 옮겼다. 하지만 아직은 지

그림자로 지구 크기를 재어라!

구 둘레를 어떻게 구할지 방법이 떠오르지 않았다.

"X맨, 다섯 번째가 마지막 힌트였나요? 힌트가 부족해요."

"아뇨. 마지막 힌트가 남았습니다."

"얼른 알려 주세요."

X맨이 이번에는 연필을 들었다. 그리고 새 종이 위에 평행한 직선 두 개를 그리고 비스듬히 두 직선을 가로지르는 직선을 그렸다.

"자, 이 그림이 마지막 힌트입니다. 지금 제가 표시하는 각을 잘 보세요."

X맨이 세 직선이 이루는 4개의 각에 a, b, c, d라고 표시했다.

"이렇게 마주 보는 각 a와 각 b, 각 c와 각 d는 서로 크기가 같죠. 맞꼭지각이기 때문입니다. 그리고 평행선에서 같은 위치에 있는 각 a와 각 c, 각 b와 각 d도 크기가 같습니다. 이들을 동위각이라고 부르죠. 그래서 **제가 별표를 한 두 각, 각 a와 각 d도 크기가 같아요. 이 두 각을 엇각이라고 부릅니다.**"

X맨이 각 a와 각 d에 별표를 하며 말했다. 그림을 뚫어져라 보던 룩희가 갑자기 손을 번쩍 들었다.

"제가 설명해 볼래요, 지구의 둘레를 재는 방법."

X맨과 아이들의 눈이 룩희가 그린 그림으로 향했다.

"아까 비례식으로 피자의 둘레를 구한 방법을 활용해 볼게요. 힌트대로 그림을 그려 보니 **지구의 중심과 알렉산드리아, 시에네를 연**

결하는 부채꼴이 생겼어요. 그런데 그림에 표시한 7.2도 덕분에 부채꼴의 중심각도 7.2도라는 걸 알 수 있어요. 두 각이 엇각으로 같거든요."

아이들은 룩희가 그린 그림을 보면서 천천히 X맨의 힌트를 이해했다.

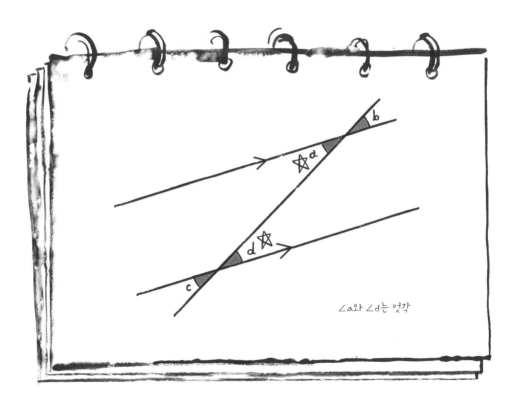

∠a와 ∠d는 엇각

"두 지역 사이의 거리가 800킬로미터라고 했으니까, 이제 피자 둘레를 잴 때와 똑같이 비례식을 세울 수 있어요. 이렇게요. 계산만 하면 돼요."

부채꼴의 중심각 : 두 지역 사이의 거리 = 지구의 중심각 : 지구의 둘레 길이

$$7.2° : 800km = 360° : \boxed{}km$$

"비례식을 풀면 지구의 둘레가 약 4만km인 걸 알 수 있어요."

"맞습니다. 실제로는 시에네와 알렉산드리아가 정확히 같은 경도 위에 있지는 않아요. 시에네와 알렉산드리아 사이의 거리도 실제 측정한 값이 아니라 여행자들의 추측을 따른 값이라고 합니다. 그런데도 비례식으로 대략적인 지구의 둘레를 구했다는 게 신기하죠?"

"아, 지구에 그려진 부채꼴을 피자 한 조각처럼 생각하고 식을 세웠구나!"

"응. 쉽지?"

문제를 어려워하던 상남이도 비례식을 보더니 고개를 끄덕였다.

"상남이와 지성이 팀은 정답에 도전하지 않는 건가요? 자신 있다더니 이게 뭔가요?"

X맨이 상남이를 흘겨보며 말했다.

"제가 지성이만 믿고 함께 고민하지 않았어요. 미안해, 지성아."

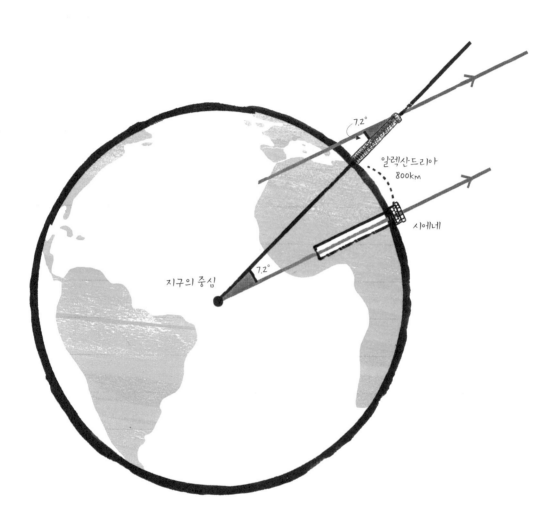

7.2°

알렉산드리아
800km

시에네

지구의 중심

7.2°

그림자로 지구 크기를 재어라!

"괜찮아. 다음번에는 같이 잘해 보자."

"축하해요, 룩희와 멍지 팀! 쉬운 문제가 아닌데 힌트를 잘 들었군요. 하와이에서 멋진 식사를 대접하죠."

"룩희야, 네 덕분에 우리가 이겼어!"

"아냐. 아까 네가 피자 둘레를 계산하지 않았으면 못 풀었을 거야."

룩희와 멍지는 팔짝팔짝 뛰며 서로를 얼싸안았다.

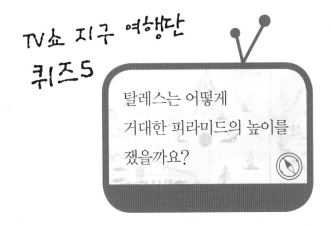

TV쇼 지구 여행단
퀴즈5

탈레스는 어떻게 거대한 피라미드의 높이를 쟀을까요?

ㄱ 땅이 생기는 운동

하와이 호놀룰루

"여름옷은 다 그 안에 있는데……."

하와이에 도착한 기쁨을 누릴 여유도 없이, 아이들은 공항에 초조하게 서 있었다. 벌써 30분째 수하물이 들어오는 벨트 컨베이어 앞에서 짐을 기다리고 있는 중이었다.

"왜 우리 짐은 안 보이지?"

"우리랑 같은 비행기를 타고 온 사람들은 다 짐을 못 찾고 있는 것 같아."

걱정하는 아이들과 달리 멍지는 벨트 컨베이어에 온 정신을 빼앗겼다.

그림자로 지구 크기를 재어라!

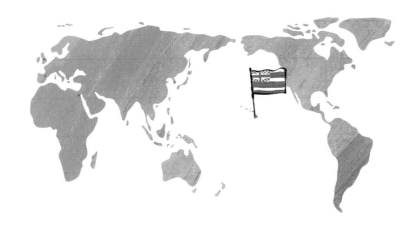

"이것 봐. 계속해서 돌아가네. 올라가면 어떻게 될까?"

멍지가 호기심을 참지 못하고 벨트 컨베이어에 올라탔다.

"얘들아, 까아! 나 좀 봐. 내가 서 있는 땅이 움직여!"

"앗! 멍지야, 뭐 해?"

"위험해. 내려와!"

뒤늦게 멍지를 발견한 룩희와 상남이가 소리를 질렀다. 멍지가 깜짝 놀라서 벨트 컨베이어에서 뛰어내렸다.

"괜찮아? 다치면 어떻게 하려고 거길 올라가?"

"가방들이 옆으로 움직이는 게 신기해서 나도 모르게 그만……. 조심할게."

그때 X맨이 헐레벌떡 뛰어왔다.

"헥헥. 항공사의 실수로 우리 짐이 모두 스위스로 실려 갔다고 하

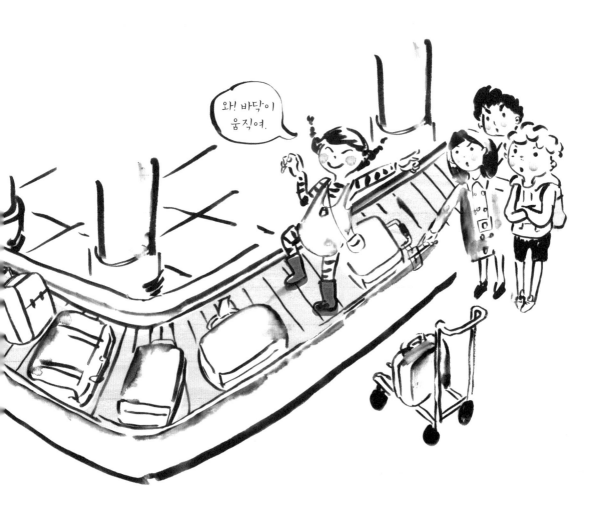

그림자로 지구 크기를 재어라!

네요."

"네? 그럼 어떻게 해요?"

"내일 다시 부쳐 준다고 하니 기다리는 수밖에요. 항공사가 사과하는 뜻으로 고급 호텔 숙박권을 줬어요. 우선 숙소에 가서 숨 좀 돌리죠."

"태평양 한복판에 있는 하와이에 몸만 덜렁 도착하다니, 기분이 이상해."

"나도. 내 보물 상자를 돌려받을 수 있을까……."

지성이와 멍지가 걱정스럽게 말했다. 다른 아이들도 갑작스러운 상황에 당황한 건 마찬가지였다.

"자, 여러분, 기운이 없는 건 알겠지만, 오늘은 숙소에 가기 전에 문제를 먼저 드리겠습니다. 이번 문제는 넷이 힘을 합치지 않고 각자 풀어야 하는 문제이거든요. 답은 숙소에 도착해서 말해 주세요."

"숙소에 도착해서 바로요?"

"시간이 너무 짧아요."

"조금 더 시간을 주시면 안 돼요?"

X맨의 계획을 들은 아이들이 목소리를 높였다.

"문제가 워낙에 쉽고 간단하답니다. 그리고 이번 문제는 각자 푸는 거라 상의할 시간을 줄 수 없습니다."

X맨이 단호하게 말했다.

"그럼 넷이 의견을 나누지 않고 제각기 답을 말하면 되는 거예요?"

"그렇습니다. 자, 여기 문제를 받으세요."

아이들은 여전히 불만 가득한 얼굴로 문제를 받아 들었다.

TV쇼 지구 여행단
"지구는 딱딱하다? OX"

제한 시간 : 숙소에 도착하기 전까지

지구가 딱딱하다고 생각하면 O,

그렇지 않다고 생각하면 X를 선택하세요.

다른 친구들과 상의할 수 없으며 정답을 말할 기회는 단 한 번입니다.

"OX퀴즈잖아? 지구는 딱딱하다? 당연하지!"

"정말 쉽네. 한국으로 돌아갈 사람은 없겠다."

아이들은 문제를 읽고 오히려 마음이 놓였다.

"정말 쉽죠? 그럼 호텔에 도착하자마자 한 명씩 정답을 말하겠어요."

그림자로 지구 크기를 재어라!

"그냥 지금 말해도 되는데."

"네. 답은 알 것 같고, 얼른 호텔부터 가요."

아이들은 X맨을 뒤로하고 먼저 바깥으로 향했다. 쉬운 문제를 받아서 여유로운 표정이었다.

'드르르르.'

공항 바깥에 도로 공사가 한창이었다. 거대한 굴착기로 두터운 암석을 파는 소리가 시끄럽게 울려 퍼졌다. 아이들은 모두 공사 현장으로 고개를 돌렸다.

"으, 시끄러워. X맨, 저것 보세요. 저렇게 견고한 강철로 힘들여 파야 하잖아요."

"맞아. 땅이 딱딱한 건 너무 당연한 사실이야."

룩희와 상남이가 귀를 틀어막으면서 외쳤다.

아이들은 문제를 빨리 맞혔다는 생각에 기분이 한결 나아졌다. 하지만 공사 현장을 지나 택시에 오를 때까지 X맨은 아무 말이 없었다. 택시가 출발하자 X맨이 다시 말문을 열었다.

"여러분, 아직 호텔에 도착하지 않았으니 힌트를 하나 드리죠."

"아, 정말 필요 없는데. 우리가 다 맞힐 것 같아서 방해하시려는 거죠?"

멍지가 장난스럽게 물었다.

"그 반대입니다."

"정 힌트를 주고 싶다면 들어는 드릴게요."

상남이도 짓궂은 표정으로 말했다. X맨은 아랑곳하지 않고 말을 이었다.

"지구의 내부 구조를 알고 있는 친구 있나요?"

"글쎄요. 지구는 그냥 단단한 땅덩어리 아냐?"

그림자로 지구 크기를 재어라!

지구 내부의 구조

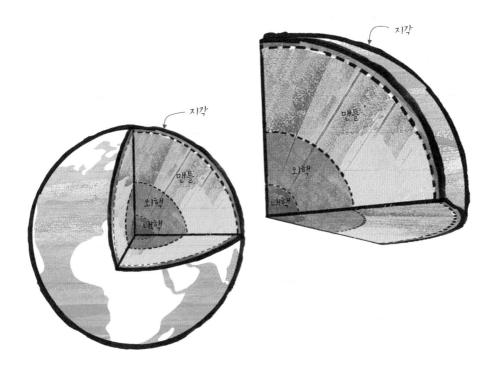

룩희가 지성이를 보면서 물었다. 하지만 이번에는 지성이도 잘 모르는 표정이었다.

"시간이 없으니 바로 알려 드리죠. 자, 이 그림을 보세요."

X맨은 미리 준비해 둔 그림 한 장을 꺼냈다.

"하하하. 지구를 사과처럼 자른 그림이에요? 재미있다."

"내부를 보기 위해 가상의 그림을 그린 거죠. 잘 보세요. **지구의**

가장 중심에는 내핵이 있고 그 바깥은 외핵, 그리고 외핵의 바깥은 맨틀이라는 층이에요. 우리는 맨틀의 위, 가장 바깥에 있는 지각에 발을 붙이고 살지요."

"지구 전체가 다 지각은 아니었네요. 중심에 있는 핵은 왠지 뜨거울 것 같아요."

멍지가 그림을 들여다봤다.

"그렇습니다. 지구 내부로 들어갈수록 온도와 압력이 점점 높아지기 때문에 가장 안쪽에 위치한 내핵은 약 6000도로 매우 뜨겁습니다. 외핵은 액체 상태이고, 내핵은 철과 니켈 등의 견고한 고체 물질로 이루어졌답니다. 그리고 맨틀은 움직이는데, 이를 맨틀의 대류라고……."

'끼이익.'

X맨이 한참 혼자서 지구의 내부 구조를 설명하고 있는데, 택시가 호텔 앞에 도착했다.

"어? 이 호텔인가 봐! 어마어마하게 큰데."

"고급 호텔이라더니…… 건물이 정말 멋지다."

차에서 내린 아이들의 표정이 한결 밝아졌다.

"여러분, 아직 힌트가 끝나지 않았는데……."

"X맨, 그게 중요한 게 아니에요. 전화위복이라더니 여기 정말 고급 호텔인 것 같아요."

그림자로 지구 크기를 재어라!

"어서 올라가요!"

아이들이 재촉하자 X맨이 작게 한숨을 쉬었다.

"할 수 없죠. 호텔에 도착했으니 한 명씩 정답을……."

"그냥 지금 맞힐게요. O요. 지구는 딱딱하니까요."

상남이가 X맨의 말을 다 듣지도 않고 큰소리로 대답했다.

"당연히 O요. X맨, 쉬운 문제를 줘서 감사해요."

"저도 O를 선택할게요."

"저도요."

이어서 세 명의 아이들도 고민 없이 O를 택했다. X맨이 잠시 멈 칫하더니 아이들을 다시 한 번 돌아봤다.

"여러분, 답을 말할 기회는 오직 한 번뿐입니다. 정답이 확실한 가요?"

"아이참. X맨, 우리를 방해해도 안 속는다니까요."

아이들은 X맨의 말을 건성으로 넘기며 엘리베이터로 향했다. X맨 이 머리를 긁적이며 아이들을 따라갔다.

배정받은 방에 올라가자 멋진 광경이 펼쳐졌다. 넓은 것은 물론이 고 창밖에 하와이의 바다가 한눈에 들어왔다. 상남이가 신이 나서 폴짝폴짝 뛰었다.

"와! 진짜 넓고 멋지다!"

"우리 넷이 지내기에는 너무 넓어."

"여기 간식도 마련돼 있고, 수영복이랑 비치볼도 있어."

그 모습을 본 X맨이 또다시 작게 한숨을 쉰 다음 아이들을 불렀다.

"여러분, 여기서 꼭 좋은 추억 만들고 가길 바랍니다. 오늘은 저도 함께 신나게 놀다 가고 싶네요. 호텔 꼭대기 층에 수영장이 있다는데 같이 갈까요? 수영장에 갈 사람?"

"저요, 저요!"

'첨벙!'

아이들은 수영장에서 오랜만에 신나는 시간을 보냈다. 수영을 잘하는 상남이와 멍지는 자유롭게 수영장을 누볐다. 수영에 서툰 룩희와 지성이도 열심히 팔다리를 저었다. 그때 청범거리던 룩희가 소리를 질렀다.

"앗! 내 반지!"

손에 끼고 있던 반지가 빠져 버린 것이었다. 상남이가 재빨리 룩희에게 다가왔다.

"반지가 물에 빠졌어? 잠깐만."

룩희가 대답하기도 전에 상남이가 잠수했다. 그리고 수영장 바닥에서 룩희의 반지를 건져 올렸다.

"자, 여기!"

그림자로 지구 크기를 재어라!

"고마워, 상남아. 너 정말 용감하다."

"뭘. 수영장 바닥은 평평해서 일도 아니야. 만약에 계곡이나 바다 깊숙이 빠트렸으면 나도 못 찾았을 거야."

"왜?"

"바다 밑의 땅은 평평하지 않으니까요."

수영장 바깥에서 일광욕을 하고 있던 X맨의 목소리였다.

7. 땅이 생기는 운동

해저 지형의 구조

화산섬

해령

해구

"룩희의 비명 소리에 놀라서 뛰어왔어요. 바다 밑의 지형은 우리 생각처럼 평평하지 않습니다."

X맨이 계속 진지한 목소리로 말했다.

"사실 지표면에서 지구 중심으로 들어가 보면 지구는 우리가 밟고 있는 지각으로만 이루어진 게 아닙니다. **우리가 밟고 있는 땅은 지구 전체를 기준으로 보면 달걀 껍데기처럼 매우 얇아요.**"

룩희와 상남이는 계속해서 지구의 내부 구조를 설명하는 X맨을 이해할 수 없었다. 하지만 X맨은 이야기를 멈추지 않았다.

그림자로 지구 크기를 재어라!

"지각은 여러 개의 판으로 이루어져 있어요. 아까 말한 것처럼 지구 내부는 맨틀 때문에 움직여요. 맨틀 위에 있는 판들이 움직이면서 충돌하기 때문에 여러 가지 지형이 만들어집니다."

"지구 내부가 움직여서 판과 판이 부딪친다고요? 땅이 부딪치다니 신기해요."

룩희가 어느새 X맨의 설명에 빠져들었다. 상남이도 처음 듣는 이야기에 관심이 쏠렸다. 하지만 이내 X맨의 행동이 의심스러워졌다.

"X맨, 신기하긴 한데…… 지금 그걸 왜 이야기해 주시는 거예요? 혹시……."

상남이가 조심스럽게 말을 꺼냈다.

"맞습니다! 여러분이 모두 문제를 틀려서 어쩔 수 없이 한 문제를 더 내겠습니다!"

X맨이 갑자기 크게 말하는 바람에 옆에 있던 멍지와 지성이도 깜짝 놀랐다.

"뭐라고요? 문제를 틀렸다고요?"

"네. 지구는 딱딱하다고만 할 수 없거든요. 정답은 X입니다. 하지만 제가 문제를 모호하게 냈기 때문에 여러분에게 한 번의 기회를 더 주려고 합니다. 도전할 친구는 1층으로 모여 주세요."

아이들은 어리둥절한 표정으로 서둘러 1층으로 내려갔다. 답이 틀렸다니 생각지도 못한 일이었다. 하지만 마지막 여행지만 남겨 두고 여기서 도전을 멈출 수는 없었다. 아이들이 모이자 X맨은 말 없이 문제가 적힌 종이를 내밀었다.

TV쇼 지구 여행단
" 땅이 움직이는 이유를 말하시오."

제한 시간 : 하와이를 떠나기 전까지
1. 움직이는 땅 한 조각을 ▢이라고 부른다.
2. 땅이 움직이는 이유는 ▢▢의 대류 때문이다.

지구여행단

"땅은 움직입니다. 여러분이 오늘 저의 이야기에 귀 기울였다면 빈칸에 들어가는 답을 쉽게 맞힐 수 있을 겁니다."

X맨이 조금 토라진 목소리로 말했다. 아이들은 갑작스런 문제에 어안이 벙벙해졌다. 룩희만 살짝 미소 짓고 있었다.

"저는 좀 전에 수영장에서 답을 하나 들었어요."

아이들이 모두 룩희를 쳐다봤다.

"지각은 하나가 아닌 여러 개의 조각으로 이루어져 있어요. 움직이

그림자로 지구 크기를 재어라!

는 땅 한 조각을 판이라고 불러요. 그 판들이 움직여서 바다 밑의 땅이 충돌하거나 벌어지죠. 맞죠, X맨?"

"맞아요. 1번의 답이 벌써 나왔군요. 움직이는 땅 한 조각을 판이라고 부릅니다."

"와. 룩희야, 2번의 답은 뭐야? 기억 안 나?"

상남이가 급하게 룩희에게 물었지만, 룩희는 고개를 가로저었다.

"왜 움직이는지는 수영장에서 못 들은 것 같아."

"근데…… 우리 우선 배를 채우고 생각하면 안 될까?"

조용히 듣고 있던 멍지가 배를 움켜쥐며 말했다. 신나게 수영을 하고 난 뒤라 모두 출출하던 참이었다.

"솔직히 저도 배가 고프네요. 오늘 혼자서 많이 떠들었더니……."

"그럼 우리 맛있는 거 먹어요! 네?"

조용하던 지성이까지 나섰다.

"좋습니다. 하와이에서 해산물을 즐기지 않을 수 없죠. 우선 식당으로 갑시다."

X맨이 다시 기운을 내고 아이들을 이끌었다. 아이들도 맛있는 음식이라는 얘기에 귀가 쫑긋해졌다.

"이집트에서 보너스 문제를 맞추지 못한 두 친구들은……."

지성이와 상남이가 침을 꼴깍 삼키고 X맨의 말을 기다렸다.

"음…… 멍지와 룩희만 괜찮다면 지성이와 상남이에게도 맛있는 식사를 대접하고 싶은데요."

"좋아요!"

"다 같이 먹어요."

명지와 룩희가 동시에 대답했다.

X맨과 아이들은 하와이의 정취가 물씬 풍기는 식당에 들어갔다. 해변에 야자수가 멋지게 늘어서 있었다. 아이들은 다양한 해산물 요리를 정신없이 먹어 치우기 시작했다. X맨이 그런 아이들을 흐뭇한 표정으로 바라봤다.

"짐도 잃어버리고 문제도 틀리고 많이 당황했죠? 그래도 여러분이 나쁜 일을 빨리 잊고 여행을 즐기고 있어 다행입니다."

"이것도 좋은 경험이다 싶어요. 우리가 의도하진 않았지만 이렇게 좋은 곳에서 즐겁게 보낼 수 있잖아요. 조금 덥긴 하지만."

'쿠궁.'

그때 멀리서 천둥과 비슷한 떨림이 느껴졌다.

"이게 무슨 소리지?"

상남이가 자리에서 일어나 밖을 보려는 순간, 식탁과 의자가 조금씩 흔들리기 시작했다.

"지진이다. 엎드려!"

X맨의 외침과 함께 아이들은 머리를 감싸고 식탁 밑에 쪼그리고

앉았다. 식탁 위에 있는 접시들이 하나씩 바닥에 떨어졌다. 아이들은 겁에 질려서 비명도 못 지르고 주변을 두리번거렸다.

"여러분, 약한 지진이니 걱정 마요. 조금만 그대로 있어요."

X맨이 아이들을 안심시켰다. 잠시 후 진동이 사라지고 아이들이 천천히 식탁 밑에서 나왔다.

7. 땅이 생기는 운동

"애들아, 괜찮아?"

"어. 집으로 돌아가지도 못하고 여기서 깔려 죽는 줄 알았네."

"그러게 말이야. 난 아직도 흔들흔들하는 것 같아."

"그런데 밖에 무슨 일이 있는 것 같아."

아이들이 서로 괜찮은지 살피고 있는데 상남이가 밖으로 뛰어나갔다. 식당 옆 해변에 이미 많은 사람들이 모여 있었다. 사람들이 바라보는 것은 주변 섬의 화산에서 김이 모락모락 나는 광경이었다.

"애들아! 나와 봐. 저 멀리에서 화산이 폭발했나 봐."

상남이의 말에 X맨과 아이들도 바깥으로 나왔다.

"화산이 분출됐군요. 하와이 주변 섬에서는 흔한 일입니다."

X맨만 놀라지 않고 멀리 화산을 바라봤다.

"화산 때문에 지진이 일어난 건가요?"

"그렇죠. 지구 위에는 여러 개의 판들이 각기 다른 방향으로 움직이고 있는데, 지구라는 공간에 한정되어 돌아다니기 때문에 다른 판들과 만날 수밖에 없습니다."

"판! 우리의 1번 문제 정답 말이죠?"

"네. 이렇게 두 개 이상의 판이 움직이다 충돌하면 충격을 받지요. 너무 큰 충격을 받으면 판이 떨리거나 심하면 부서져요. 마치 스티로폼 한 장을 잡고 계속해서 뒤로 젖히면 어느 순간 스티로폼

그림자로 지구 크기를 재어라!

화산은 지구 내부가
움직인다는
증거입니다.

7. 땅이 생기는 운동

이 더 이상 견디지 못하고 부러지는 것처럼 말입니다. 그게 바로 지진이죠."

"그럼 화산은 어떻게 생기는 거예요?"

"우선 마그마를 설명해야겠군요."

"마그마요?"

"네. **땅속의 암석이 높은 온도에서 녹으면 마그마라는 물질이 됩니다.** 땅 속으로 깊이 들어갈수록 온도가 높아져요. 암석이 녹아 액체 상태의 마그마 될 정도로 높은 온도지요. **땅속에 생긴 마그마는 지표면의 약한 부분을 뚫고 폭발합니다. 이것이 바로 화산 폭발이에요.**"

"아, 판과 판이 부딪치면 지진이 일어나기 쉽고 화산 활동도 활발해 지는군요."

"네. 하지만 이곳 하와이는 판과 판이 만나는 곳은 아닙니다. **하와이는 열점 위에 위치해 있어요.**"

"열점이 뭐예요?"

"**맨틀의 물질이 대류에 의해서 지각을 뚫고 상승하는 곳을 열점이라고 해요. 하와이 섬 아래쪽에 있는 뜨거운 마그마가 얇은 하와이 판을 뚫고 화산으로 폭발하는 것이죠.**"

"아, 판과 판이 부딪치는 곳이나 열점!"

"그런 곳에서 화산이 폭발하는 거였어."

상남이와 지성이가 고개를 끄덕였다.

그림자로 지구 크기를 재어라!

"그런데 그렇게 거대한 판이 대체 어떻게 움직이는 거지? 그게 이해가 안 돼."

룩희가 멍지를 보면서 물었다.

"그건 바로 지표면 아래 있는 맨틀의 대류 때문……. 앗!"

"왜요? X맨, 계속 말해 주세요."

X맨이 갑자기 말을 멈추자 아이들이 그를 바라봤다.

"혹시…… 맨틀이 답이에요?"

상남이가 씨익 웃으며 X맨에게 물었다.

"아, 이럴 수가. 내가 답을 말하다니……. 그래요. 2번 문제의 정답은 맨틀입니다."

X맨이 억울하다는 표정으로 중얼거렸다.

"와! 그럼 땅이 움직이는 이유는 맨틀의 대류 때문이구나!"

멍지가 소리 질렀다.

"그런데 답을 알아도 뜻을 모르겠어요. 맨틀의 대류가 대체 뭐예요?"

지성이의 물음에 X맨이 조금 정신을 차리고 대답했다.

"아까 택시에서 잠깐 이야기했죠. **맨틀은 지각 바로 밑에서부터 무려 지하 2900킬로미터 깊이까지 위치하고 있는 고체 상태의 물질입니다.** 대류란 온도 차이에 의해 차가운 것은 아래로 움직이고 뜨거운 것은 위로 움직여 열이 전체적으로 전해지는 걸 말해요."

191

그림자로 지구 크기를 재어라!

"그럼 맨틀이 대류한다는 말은 뭐예요?"

"뜨거운 맨틀이 위로 움직이고 차가운 맨틀이 아래로 움직인다는 말이에요?"

지성이와 상남이가 함께 물었다.

"맞아요. **맨틀은 물론 고체이지만, 지각 가까운 부분에 비해 아래쪽 맨틀은 매우 뜨겁지요. 그 온도 차이 때문에 맨틀은 제자리에 가만히 있지 않고 조금씩 움직여요. 그리고 그 위에 아까 우리가 이야기한 판이 있어요.**"

"움직이는 맨틀 위에 판이 떠 있는 것과 마찬가지네요."

룩희가 말했다.

"맞아요. 그래서 **맨틀이 대류할 때 맨틀 위에 떠 있는 지각 판이 움직이는 거예요. 그러다가 판과 판이 부딪치거나 멀어지기도 하고요.**"

"조금 어려워요."

멍지가 고개를 갸웃거렸다.

"혹시 아까 공항에서 짐을 기다릴 때 가방이 실려 오는 벨트 컨베이어 봤나요?"

"그럼요. 멍지는 위험하게 거기에 올라가기도 했는걸요."

상남이가 이르듯이 말했다. X맨이 잠깐 놀랐다가 멍지에게 물었다.

"거기 올라갔을 때 어땠나요?"

"음…… 재밌었어요. 제가 걷지 않고 가만히 서 있는데도 옆으로 바닥이 움직였거든요."

"그렇죠. 맨틀이 대류할 때 판도 그렇게 움직여요. 예를 들어 벨트 컨베이어 두 개가 마주 본 채 바깥쪽으로 돌아가는 모습을 떠올려 보세요. **맞닿아 있는 두 판은 맨틀의 대류 때문에 점점 양옆으로 벌어집니다. 이 빈 공간에 지하의 마그마가 화산활동을 통해 지표면 위로 올라오게 됩니다.**"

"그다음에는요?"

"**지표면에 올라온 마그마가 굳어서 지각을 이룹니다. 다시 말해 새로운 땅이 생겨나는 거지요.** 그런데 판과 판이 만나는 지점에서는 지속적으로 맨틀의 대류가 일어나기 때문에 마그마가 계속해서 지표면 위로 올라와요."

"그럼 그곳에 땅이 또 생겨나는 거예요?"

상남이가 고개를 갸웃거리며 물었다.

"그렇죠."

"원래 생겼던 땅은요? 그대로 있어요?"

룩희도 함께 고개를 갸웃거렸다. X맨이 고개를 가로저었다.

"아니요. 맨틀의 대류 때문에 판이 양옆으로 이동하면, 오랜 시간이 지나면서 이전에 생긴 땅도 양옆으로 이동해요. 그 결과 바다 밑에 산맥 모양의 땅이 생기는데 이 지형을 해령이라고 불러요."

"화산으로 땅이 새로 생기다니……. 정말 신기하다. 하와이에서는 그게 왜 흔한 일이에요?"

"하와이가 지진대에 속하기 때문이에요. 우리나라와 가까운 섬나라 일본도 그렇죠."

"그런데 또 지진이 일어나지는 않겠죠?"

멍지가 걱정스런 얼굴로 물었다.

"또 일어나지 않으리라는 보장은 없어요. 특히 하와이는 열점 위에 위치해 있으니까요. 하지만 잘 대비하면 약한 지진은 큰 피해 없이 넘길 수 있답니다. 예를 들어 건물을 지을 때 진동을 견딜 수 있도록 철저하게 내진 설계를 하고, 지진이 일어날 경우 안전하게 대피할 곳을 만들어 놓는 거죠."

"아까처럼 지진이 일어나면요?"

멍지가 다시 물었다. 그러자 지성이가 재빨리 스마트폰으로 지진 대피 방법을 검색했다.

"음…… 먼저 집 안에서는 가스와 전기를 차단해야 돼. 지진 때문에 화재가 일어날 수 있거든. 또 건물이 무너졌을 때 탈출할 수 있도록 창문이나 문을 열어 두는 것이 좋고. 떨어지는 물건을 머리에 맞을 수 있으니 방석 같은 것으로 머리를 감싸고 탁자 밑으로 들어가는 게 안전하지."

"아까처럼?"

룩희가 식탁 밑에 들어가는 모습을 다시 해 보였다.

⭐ **진도**
지진이 일어났을 때,
땅이 진동하는 세기
를 나타내는 단위

"응, 그렇게. 하지만 ⭐ 진도 6 이상의 강진이 발생하면 탁자도 쓰러질 수 있으니까 이럴 때에는 빠르게 밖으로 탈출해야 돼."

지성이가 검색한 내용을 잘 정리해 줬다. 아이들이 지성이의 설명에 고개를 끄덕였다. 하지만 다들 표정이 그리 밝지 않았다. 풀지 못한 문제가 계속 마음에 걸렸다. 잠시 침묵이 흐른 뒤 멍지가 머뭇거리면서 물었다.

"그런데 X맨, 저희 다음 여행지로 갈 수 있나요? 문제를 반밖에 못 맞혔잖아요. 땅이 움직이는 이유도 X맨이 설명해 줬고."

다른 아이들도 조심스럽게 X맨을 쳐다봤다.

"그렇죠. 모두들 답을 못 맞혔죠. 그렇게 많이 힌트를 줬는데도 말이에요."

아이들이 그 말에 고개를 떨궜다. X맨이 조금 시간을 끌다가 입을 열었다.

"음…… 하지만 조금 아쉽기도 하고……. 우리 모두 마지막 여행지로 함께 갑시다. 어때요?"

"와! 좋아요. X맨, 멋져!"

"고마워요, X맨. 다음에는 여행지에서는 X맨의 말을 귀담아 들을 게요."

"흐음, 약속한 거죠? 하마터면 저 조금 삐칠 뻔했습니다. 하와이

그림자로 지구 크기를 재어라!

에 왔으니 해변에서 일광욕도 즐겨야죠. 하와이의 전통 춤인 훌라 춤 공연도 예매해 놨으니 서두르죠."

아이들은 신이 나서 제자리에서 펄쩍펄쩍 뛰었다. X맨이 활짝 웃으며 아이들을 바라봤다.

움직이는 하와이 제도

태평양 판의 한복판에 하와이 제도(마우이, 몰로카이, 오아후, 카우아이, 하와이 등)가 ㄴ자로 늘어서 있습니다. 하와이는 그중 오른쪽 아래에 있는 가장 큰 섬입니다. 하와이 제도를 이루는 이들 섬들은 모두 화산 폭발로 생성됐어요. 하와이 제도 부근에서 화산이 잦은 이유는 바로 열점 때문입니다. 하와이 섬 바로 아래까지 뜨거운 마그마가 올라온다는 뜻이지요. 하와이 섬 아래의 열점이 태평양 판의 해양 지각 위로 분출해서 화산섬을 만든 것이고요.

그런데 하와이 제도의 생성 시기를 살펴보면 특이한 사실을 알 수 있습니다. 북서쪽에 있는 섬이 가장 오래전에 폭발했고, 남동쪽에 있는 섬일수록 더 나중에 폭발했다는 사실입니다. 오랜 시간에 걸쳐 차례로 화산 폭발을 통해 생겨난 것이지요. 왜 화

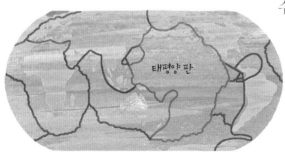

태평양 판에 위치한 하와이 제도

산 폭발 지점이 옮겨 왔을까요? 열점이 움직이기라도 한 걸까요?

사실 움직인 것은 열점이 아니라 태평양 판입니다. 화산 폭발로 새로운 땅이 만들어지면 열점을 중심으로 기존의 땅이 양쪽으로 밀려나게 됩니다. 하와이 제도의 섬들은 같은 열점 위에서 생성된 후 다른 섬이 생성될 때마다 판 전체가 북서쪽으로 이동한 것이지요. 그래서 열점에서 멀수록 더 먼 과거에 생겼다는 걸 알 수 있어요. 열점에 가까울수록 젊은 섬인 셈이고요. 실제로 남동쪽 끝에 있는 하와이 섬 부근에서는 지금도 크고 작은 화산 폭발이 계속되고 있습니다.

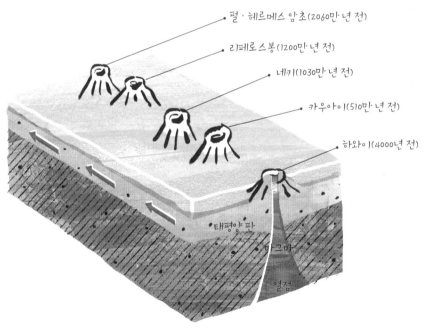

펄·헤르메스 암초(2060만 년 전)

리페로스봉(1200만 년 전)

네키(1030만 년 전)

카우아이(510만 년 전)

하와이(4000년 전)

태평양 판

마그마

열점

하와이 제도의 생성 연도

8

대륙의 퍼즐, 판게아

페루 리마

"음…… 이 조각은 여기! 어? 아니네. 그림이 너무 비슷비슷하다."

"진짜 이번 조각은 어렵다. 여기 아닐까?"

페루의 리마 국제공항 대합실에서 지성이와 룩희가 머리를 맞대고 퍼즐을 맞추고 있다.

"여기 빈칸에 꼭 맞아. 다 맞췄다!"

룩희가 마지막 남은 한 조각을 맞췄다. 완성된 그림을 보니 세계의 지진대와 화산대가 점으로 나타나 있었다.

"그런데 다 맞추고 보니까 점들이 선처럼 보인다. 안 그래?"

지성이가 완성된 퍼즐을 들여다보며 말했다.

"그렇네. 일본에도 점이 많이 모여서 거의 선처럼 보여."

"일본도 판과 판의 경계에 있나 봐."

"그럼 점들이 모여 있는 곳은 대부분 판과 판의 경계인가 봐?"

"하와이처럼 열점 위에 있는 것도 있지."

둘은 그림을 더 자세히 살펴봤다. 그때 공항 이곳저곳을 돌아다니던 멍지가 살그머니 다가왔다.

"왁! 너희 뭐 하는 거야?"

"깜짝이야!"

"어머나!"

퍼즐 그림에 집중하고 있던 룩희가 깜짝 놀라 퍼즐 판을 떨어트리고 말았다. 맞춰 놓은 퍼즐 조각이 바닥에 흩어졌다.

"앗, 미안. 퍼즐 하고 있었구나. 몰랐어."

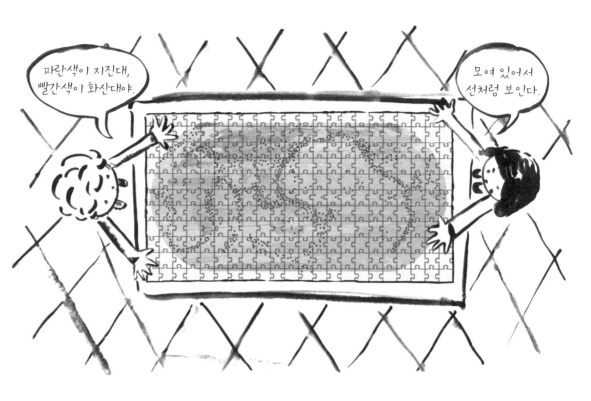

멍지가 서둘러 퍼즐 조각을 주워 모았다.

"괜찮아. 다시 맞추면 돼. 한 번 해 봤으니 이번엔 조금 더 빨리 맞출 수 있을 거야."

"나도 도와줄게."

지성이도 나서서 퍼즐 조각을 한데 모았다. 이번엔 셋이 머리를 맞대고 퍼즐을 맞추기 시작했다. 그런데 얼마 지나지 않아 퍼즐 판

그림자로 지구 크기를 재어라!

이 놓인 탁자가 조금씩 흔들렸다.

"멍지야, 네가 탁자 흔들었어?"

"아니. 너도 흔들리는 거 느꼈니?"

멍지와 룩희가 탁자를 살피는데 의자까지 흔들리기 시작했다. 잠시 후에는 공항 벽의 물건들도 흔들렸다. 이때 공항 안내원의 외침이 들렸다.

"진도 6의 지진이 발생했습니다. 당황하지 마시고 침착하게 행동하세요. 가방이나 두 손으로 머리를 보호하고 비상구를 따라 밖으로 대피하십시오!"

"앗, 또 지진인가 봐! 우리도 비상구로 나가자!"

멍지가 룩희와 지성이를 챙겼다. 아이들은 겁이 났지만 침착하게 공항 안내원의 말을 따랐다. 다른 사람들도 머리를 감싸 쥐고 질서 정연하게 비상구로 향하고 있었다. 비상구에 다다랐을 때 한참 흔들리던 땅이 잠잠해졌다. 아이들은 그제야 고개를 들어 서로의 안부를 확인했다.

"괜찮니? 난 아직도 몸이 떨리는 것 같아."

"어. 하와이에서 지진 대피법을 배워서 다행이다. 페루도 지진이 많이 일어나는 곳인가 봐."

"맞아. 페루도 지진대에 속해. 아까 퍼즐에서 봤어. 그럼 페루는 무슨 판에 있지?"

세계의 판

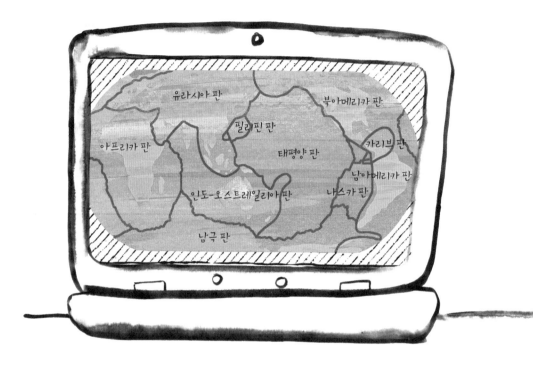

　지성이가 노트북으로 지각 판을 검색하며 말했다. 룩희가 노트북 화면에 뜬 세계의 판 그림을 보며 물었다.

　"이 그림 속의 선들을 보니 꼭 땅이 갈라져 있는 것 같아. 지성아, 이 선들은 뭐니?"

　"이 선들은 지각 판들의 경계야. 즉, 판과 판이 만나는 곳이지. 그래서 지진과 화산도 잦고."

"아, 이렇게 많은 판으로 이루어져 있구나."

"일본은 확실히 판의 경계에 속하네. 페루도."

멍지와 룩희가 세계의 판을 나타낸 그림을 자세히 살펴봤다. 멍지가 걱정스런 얼굴로 물었다.

"일본과 가까운 우리나라에서도 지진이 일어나기 쉬운 거 아니야?"

"아냐. 여기 봐. '우리나라는 일본과 달리 판의 경계에 위치하지 않는다'라고 써 있어. 안심해."

지성이가 검색된 내용을 읽었다.

"이웃 나라인데도 다르구나."

"어. 그나저나 상남이와 X맨은 어디로 사라진 거지?"

그때 어디선가 상남이의 목소리가 들렸다.

"얘들아! 도와줘!"

소리 나는 곳을 돌아보니 검정 옷을 입은 괴한이 상남이를 붙잡고 있었다. 아이들이 당황하는 사이 괴한은 상남이를 강제로 차에 태웠다.

"상남아!"

아이들이 뒤늦게 뛰어갔으나 한발 늦었다. 상남이를 태운 차는 어디론가 황급히 떠나 버렸다. 아이들은 갑작스런 일에 어찌할 바를 몰랐다.

"어떻게 해? 어서 X맨에게 알리자."

"아까부터 X맨도 안 보였어. 혹시 저 차에 X맨도 같이 붙잡혀 간 거 아냐?"

"앗, 바닥에 이런 게 있어!"

멍지가 상남이가 있던 자리에서 검은색 편지 봉투를 주웠다. 겉면에 '지구 여행을 하는 꼬마들에게'라고 씌어 있었다.

"꼬마라니! 누가 쓴 거지?"

멍지가 투덜대며 봉투를 열었다. 봉투 안에는 짧은 메모와 작은 편지 봉투가 들어 있었다. 상남이를 데려간 사람이 남긴 것이 틀림

그림자로 지구 크기를 재어라!

없었다.

"봉투 안에 봉투가 또 하나 들어 있어. 우선 메모부터 읽어 보자."

꼬마들에게
X맨과 상남이를 구하고 싶다면 지금부터 한 시간 안에 다이아몬드 10개를 찾아 이 자리에서 기다려라. 작은 봉투에 든 문제를 풀면 다이아몬드의 행방을 찾을 수 있다. 시간을 넘기면 두 사람을 되돌려 보내지 않겠다. 경찰에 신고해도 소용없다.

"납치범이었어! X맨과 상남이를 어떻게 찾지?"

멍지는 걱정스런 마음에 울음이 터졌다.

"역시 아까 그 차에 둘 다 있었나 보다. 경찰에 신고하는 것도 위험하고, 어떻게 할까?"

지성이도 당황스럽긴 마찬가지였다. 잠시 후 룩희가 침착한 목소리로 멍지와 지성이에게 말했다.

"애들아, 진정해. 호랑이 굴에 들어가도 정신만 차리면 살 수 있다잖니. 지금은 다른 방법이 없는 것 같다. 차라리 문제를 풀어 보는 건 어때?"

아이들은 서로 눈을 맞추고 천천히 고개를 끄덕였다.

"작은 봉투도 열어 보자."

"여기도 메모가 들어 있어!"

꼬마들에게

지금쯤 X맨과 상남이를 찾기 위해 문제를 풀기로 결정했겠지? 탁월한 선택이야. 실은 내가 보석상에서 다이아몬드 10개가 들어 있는 금고의 열쇠를 훔쳤다. 그런데 지진이 일어난 사이에 다른 도둑이 그걸 훔쳐 갔어. 그리고 다이아몬드가 사라진 금고에다 그 도둑이 문제를 남겨 놓았다. 나는 빨리 답이 필요하니 부지런히 머리를 굴려라. 제한 시간은 한 시간이라는 걸 잊지 말도록. 너희들의 실력이 내가 기대한 만큼이길 바라며…….

멍지는 편지를 읽고 화가 치밀었다.

"도둑들 싸움에 끌어들이다니 말도 안 돼. 그리고 아무리 나쁜 사람이라지만 너무한 거 아냐? 무언가를 시키려면 확실히 알려 주든지! 문제도 안 써 놓고 어떻게 답을 알아내라고 하는 거야?"

이번엔 지성이가 멍지를 달랬다.

"멍지야, 진정해. 지금까지 어려운 문제들을 잘 해결해 왔잖아. 분명히 무언가 힌트가 있을 거야. 잘 살펴보자."

그때 작은 편지 봉투를 살피던 룩희의 눈빛이 반짝였다.

그림자로 지구 크기를 재어라!

"애들아, 잠깐만! 이 편지 봉투."

"편지 봉투가 뭐?"

"안쪽에 작게 이런 글씨가 쓰여 있어. '과거에는 땅덩이가 하나였다―베게너.' 이게 무슨 엉뚱한 소리야?"

"베게너가 누구지?"

"혹시 그게 힌트가 아닐까?"

세 아이들은 편지 봉투에 적힌 글을 되풀이해서 읽으며 생각에 빠졌다. 상남이와 X맨의 안전이 걸렸다고 생각하니 더 머리가 돌아가지 않았다. 계속 편지 봉투를 만지작거리던 멍지가 갑자기 소리쳤다.

"애들아, 나 또 다른 힌트를 찾은 것 같아!"

"또 다른 힌트?"

"잘 봐. 이 편지 봉투의 무늬, 익숙하지 않아? 세계 지도 같잖아."

세 아이들은 편지 봉투의 무늬를 들여다봤다. 자세히 보니 여섯 대륙이 따로따로 그려져 있고 각 대륙에 작은 글자가 하나씩 쓰여 있었다.

"그렇네. 아시아, 유럽, 아프리카, 북아메리카, 남아메리카, 오세아니아. 여섯 대륙이야. 그런데 한 글자씩 써 있는 건 뭘까?"

"아까 '과거에는 땅덩이가 하나였다'라고 했잖아. 그렇다면 혹시……"

룩희가 다시 눈을 반짝였다. 멍지와 지성이가 룩희를 바라봤다.

"혹시 이 조각들을 퍼즐처럼……."

"한 덩어리로 맞추면……."

"얼른 맞춰 보자!"

세 사람이 거의 동시에 말을 내뱉었다. 아이들은 재빨리 봉투에 그려진 여섯 대륙의 그림을 자른 뒤 퍼즐처럼 한 덩어리로 맞춰 보기 시작했다. 하지만 대륙 조각을 맞추는 건 쉽지 않았다.

"잘 안 맞춰지는데."

멍지가 한숨을 쉬었다. 셋이 동시에 여섯 개의 대륙을 마구 움직이다 보니 오히려 헷갈렸다.

"후. 진정하고 하나씩 하나씩 해 보자. 나는 지금 남아메리카 대륙을 들고 있어. 룩희는?"

지성이가 남아메리카 대륙을 가운데에 놓으며 물었다.

"나는 아프리카 대륙."

룩희가 아프리카 대륙을 남아메리카 대륙의 오른쪽에 댔다. 그러자 신기하게도 두 대륙이 퍼즐 조각처럼 들어맞았다.

"꼭 맞는다! 남아메리카 대륙의 오른쪽 해안선과 아프리카 대륙의 왼쪽 해안선이 일치해!"

"이런 식으로 하나씩 찾아보자. 이번에는 북아메리카 대륙을 옮겨서 맞춰 볼래?"

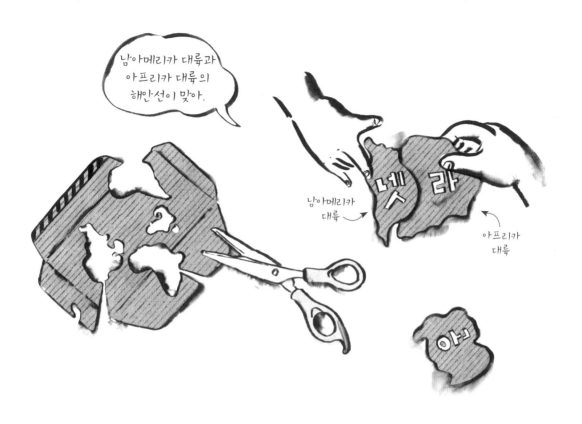

  침착하게 여섯 대륙의 해안선을 비교하다 보니 맞는 것끼리 붙일 수 있었다.

  "베게너라는 사람 말이 맞을 수도 있겠는데. 신기하게 땅들이 하나의 덩어리로 합쳐지네."

  아이들은 한참 동안 여섯 개의 조각과 씨름했다.

  "와, 다 맞췄어!"

8. 대륙의 퍼즐, 판게아

　드디어 흩어진 여섯 대륙을 하나의 덩어리로 맞췄다. 그러자 각 대륙에 씌어 있는 글자 여섯 개가 모여 하나의 단어가 됐다.

　"인, 터, 넷, 라, 운, 지?"

　"인터넷 라운지? 공항에서 인터넷을 할 수 있는 공간을 말하는 건가?"

그림자로 지구 크기를 재어라!

"그런 것 같아. 그곳에 다른 힌트가 있나 봐."

"가 보자!"

아이들은 서둘러 공항의 인터넷 라운지로 발길을 옮겼다. 룩희가 가장 먼저 뛰어 들어갔다. 멍지와 지성이도 따라 들어가서 안을 샅샅이 살폈다.

"윽. 여기 또 편지 봉투가 있어."

의자 밑을 뒤지던 룩희가 한숨을 쉬며 말했다.

"또? 얼른 열어 봐."

"이번엔 두 장이야."

꼬마들에게

사실 지금까지는 연습 문제였다. 좀 전에 푼 문제는 너희들을 시험하기 위해서 내가 낸 거야. 문제를 이렇게 빨리 풀다니, 내가 꼬마들을 잘못 고르지는 않았군. 하하하.

이번 것이 도둑이 남긴 진짜 문제다. 너희에게 내 다이아몬드와 X맨, 상남이가 달려 있어. 지금부터 30분을 줄 테니 어서어서 머리를 굴려라. 문제를 포기하면 친구들도 안전하지 않을 거야.

"이렇게 나쁜 사람을 봤나!"

"시험한 것도 모자라 협박까지 하고."

8. 대륙의 퍼즐, 판게아

멍지와 룩희가 화를 참지 못하는 사이 지성이가 봉투에 들어 있는 다른 종이를 꺼냈다.

"이게 다른 도둑이 남긴 진짜 문제인가 봐. 이 도둑도 참 괴짜다. 물건을 훔쳐 가면서 편지로 문제를 남겨 놓다니."

지성이가 중얼거리면서 종이를 펼쳤다. 종이에는 세 개의 세계 지도가 그려져 있었다.

"이게 뭐지? 세계 지도가 신기하게 생겼어."

"맨 위의 지도는 아까 우리가 대륙을 한 덩어리로 합친 모양인걸."

"맨 아래 있는 지도는 우리가 지금 쓰고 있는 세계 지도와 비슷해."

"그럼 중간에 있는 건 뭐지?"

아이들은 잠시 화난 것도 잊고 세 개의 지도에 눈길을 빼앗겼다.

"지도와 지도 사이에 화살표가 있어. **먼 옛날에 하나로 붙어 있던 대륙이 시간이 지나면서 현재의 모습이 되었다는 뜻일까?**"

"말도 안 돼. 대륙이 어떻게 움직여?"

룩희의 말에 멍지가 고개를 저었다.

"아냐, 멍지야. 말이 될 수도 있어. 우리, 하와이에서 배웠잖아. 맨틀의 대류!"

지성이가 기억을 더듬으며 말했다.

"맞아. **맨틀이 대류하면 맨틀 위에 있는 지각 판이 움직여. 아주아주 오랜 시간 동안 꾸준히 움직인다면 지각 판 위의 대륙도 이동할 수**

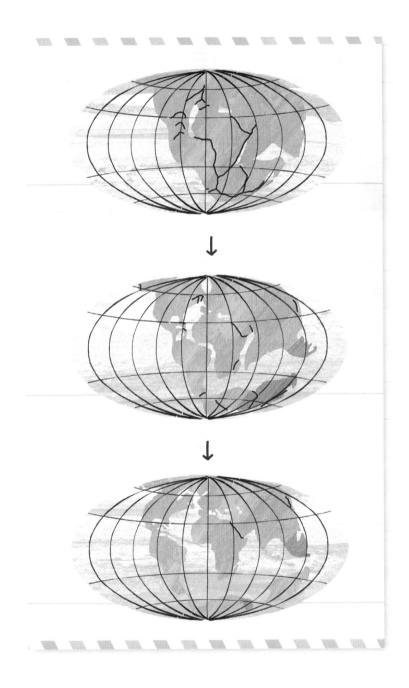

8. 대륙의 퍼즐, 판게아

있어."

룩희가 지성이를 거들었다.

"만약에 말야…… 지구에 있는 대륙이 원래 하나였다면 걸어서 이동할 수 있었겠네. 정말 신기하다."

"맞아. 그러면 우리도 비행기 없이 세계 여행을 할 수 있을 텐데. 헤헤."

"얘들아, 우리 이럴 시간이 없어. 이번에도 문제가 뭔지 모르니 답답하다."

그때 공항 안내 방송에서 다급한 목소리가 들렸다. 겁에 질린 상남이의 목소리였다.

"얘들아, 나 상남이야. 듣고 있니?"

아이들은 단번에 상남이의 목소리를 알아챘다.

"상남이다!"

"헉헉. 납치범과 X맨은 공항 호텔 1004호에 있어. 나는 몰래 빠져나와서 공항 방송실로 왔어. 뛰어오다가 넘어져서 다리가 조금 아파. 이리로 와 줄래?"

"이럴 수가! 어서 상남이를 데리러 가자."

아이들은 서둘러 공항 방송실로 갔다. 상남이가 방송실 문 앞에 쭈그리고 앉아 있었다.

"상남아, 괜찮아?"

그림자로 지구 크기를 재어라!

"우리, 문제를 몰라서 못 풀고 있었어. 그냥 다 같이 호텔로 찾아가자."

"그래. 1004호라고 했지? 천사? 납치범이랑 정말 안 어울리는 번호다."

"상남아, 같이 갈 수 있지? X맨을 구해야지."

아이들이 서둘러 상남이를 일으켰다. 그러자 상남이가 신음 소리를 냈다.

"아, 다리가 좀 아파서…… 누가 업어 줬으면 좋겠는데……."

"할 수 없지. 나한테 업혀."

지성이가 낑낑대며 상남이를 업었다. 그리고 모두 공항 호텔로 향했다. 상남이는 지성이에게 업혀서 1004호 문 앞까지 도착했다.

"이 안에 X맨이 갇혀 있는 거지?"

"하나 둘 셋을 외치고 동시에 들어가서 X맨을 데리고 나오자."

아이들이 씩씩대며 말하자 상남이가 나섰다.

"막무가내로 덤볐다가는 우리가 다칠 수도 있어. X맨을 안 놔줄 수도 있고. 그러니까 여기서 말로 설득해 보자."

화가 났지만 아이들은 상남이의 말을 따르기로 했다.

'똑똑똑!'

멍지가 조용히 문을 두드리고 떨리는 목소리로 말했다.

"문제를 풀진 못했지만 저희가 직접 왔어요."

그러자 문 안에서 굵직한 목소리가 들렸다.

"꼬마들, 실력이 거기까지였군. 그동안의 노력이 쓸모없게 됐어. 괜히 내 시간만 낭비했잖아!"

"문제를 알려 주면 여기서 풀어 볼게요. 우선 X맨을 놔 주세요."

지성이가 용기 내서 대꾸했다.

"그렇게 X맨을 찾고 싶나?"

"네!"

"X맨을 구하려다가 너희가 위험해질 수도 있는데?"

"그래도 X맨은 이제 우리와 친구예요. X맨이 까칠해 보여도 우리한테 얼마나 잘해 주는데요!"

룩희가 버럭 소리를 질렀다.

"그렇다면 거기서 다 같이 훌라 춤을 춰 봐."

"훌라 춤이라고요?"

예상치 못한 요구에 아이들은 말을 잇지 못했다.

"너희들 하와이에 다녀왔다는 걸 알고 있다. 거기서 본 훌라 춤을 추면 X맨을 고이 보내 주지. 전통 의상은 거기 준비해 뒀다."

"왜 춤을 추라는 거지?"

아이들은 어리둥절한 표정으로 서로를 바라봤다. 그리고 엉거주춤 전통 의상을 챙겨 입고 훌라 춤을 추기 시작했다. 상남이만 그대로 서 있었다.

"야, 우리도 추고 싶어서 추는 거 아니거든. 춤을 춰야 X맨을 놔
준다잖아. 너도 빨리 춰."

멍지가 상남이를 흘겨보며 말했다. 상남이는 머리를 긁적이며 어
색한 표정만 짓고 있었다. 이때였다. 문 너머에서 큭큭거리는 소리

가 들리더니 호텔 문이 벌컥 열렸다. 문을 열고 나온 사람은 X맨이
었다.

"X맨!"

가장 열심히 춤을 추던 명지가 반갑게 소리쳤다. 그와 동시에 상
남이가 웃음을 터트렸다.

"푸하핫! 더 이상 못 참겠어요, X맨."

"저도 마찬가지랍니다. 큭큭."

갑자기 웃는 상남이와 X맨 때문에 나머지 아이들은 어안이 벙벙
했다. 상남이는 웃음을 멈추지 못해 배를 움켜쥐고 있었다.

"왜 웃어? 혹시……?"

룩희가 제일 먼저 이상한 낌새를 느꼈다.

"큭큭. 미안해. 페루가 우리의 마지막 여행지잖아. 그래서 아쉬워
하고 있었는데, 마침 X맨이 재밌는 제안을 하잖아. 그래서……."

"그럼 아까 공항에서 널 납치해 가던 사람들은 뭐야?"

"나를 납치하는 연기를 한 사람이 바로 X맨이야. X맨의 연기력에
놀랐다니까."

"과찬의 말씀을……. 상남이도 훌륭했어요. 저는 진짜 경찰들이
올까 봐 조마조마했습니다. 하하하. 여러분이 이렇게까지 저희를
구하기 위해 애써 줘서 감동했습니다."

"나도. 너희들의 모습을 볼래 숨어서 보면서 너무 기뻤어. 나에게

진짜 좋은 친구들이 생겼다는 걸 알게 했다고 할까? 걱정 끼쳐서 정말 미안해."

"아, 뭐야! 어쩐지 도둑이 문제를 남기고, 너무 이상하더라. 무슨 그런 짓궂은 장난을 해요?"

"상남이 너 다리가 아프다는 것도 장난이었지?"

멍지와 지성이가 동시에 소리쳤다.

"미안, 지성아. 네 덕분에 편하게 왔어. 내가 다음에 꼭 은혜 갚을게. 응?"

상남이가 지성이를 덥석 안으며 사과했다. 지성이와 아이들은 넉살 좋은 상남이의 모습에 웃지 않을 수 없었다.

"아무튼 진짜 납치당한 게 아니어서 다행이다."

"그런데 X맨, 두 번째 문제는 대체 뭐였어요?"

"아…… 그게 말이죠…… 급하게 준비하는 바람에 그 안에 문제를 넣는다는 게 답을 넣고 말았어요. 하나였던 땅덩어리가 어떻게 떨어지게 됐는지 중간 단계를 물어보려고 했는데 말이죠. 여러분이 공항에서 퍼즐을 맞추는 걸 보고 힌트를 얻었지요. 여러분은 답만 보고도 내용을 잘 이해하더군요."

X맨이 머리를 긁적이며 말했다.

"아, 그랬구나. 잘 이해하기는요. 정말 어려웠어요. 그런데 저희가 해결했던 문제가 퍼즐과 관련이 있다고요?"

멍지가 아까 맞췄던 대륙 조각들을 꺼내며 물었다.

"지구가 여러 개의 판으로 이루어져 있다는 건 하와이에서 이미 알아냈지요?"

"네. 이 판들은 서로 다른 방향으로 움직이는데 판들이 만날 때 그 충격으로 화산이 폭발하거나 지진이 일어난다고 했잖아요. 그런데 그게 퍼즐과 무슨…… 아! **문제에 나왔던 대륙들이 다 서로 다른 판에 있었구나!**"

"그렇답니다. 판들이 여러 방향으로 움직이다 보니 부딪치게 되고, 이 충격이 화산이나 지진으로 나타나게 된 거죠."

"아까 퍼즐을 다 맞추고 보니 지진대와 화산대가 마치 선처럼 보이던데, 이게 혹시 판이랑 관련이 있나요?"

"훌륭한 질문이에요. 멍지의 말처럼 **지진대와 화산대를 살펴보면 판의 경계와 일치하는 것을 알 수 있어요. 지진이나 화산 활동은 대부분 이런 판의 경계에서 자주 일어나지요.**"

X맨의 칭찬에 으쓱해진 멍지가 무언가 생각난 듯 질문했다.

"X맨, 과거에는 땅덩이가 하나였다는 말이 사실이에요? 아니면, 문제를 내기 위해 지어낸 말이에요?"

"에이, 설마 땅덩이가 하나였겠어? X맨이 지어낸 거지."

상남이가 먼저 대답했다. 하지만 X맨도 바로 말을 이었다.

"제가 지어낸 말이 아니라 베게너라는 지구물리학자가 발견한 사

그림자로 지구 크기를 재어라!

실이랍니다. 원래 하나였던 땅덩이가 맨틀의 대류로 인해 여러 방향으로 움직이게 되었다는 이론입니다. 베게너는 이 하나의 땅덩이를 '판게아'라고 불렀어요."

"베게너는 어떻게 그런 사실을 알아냈어요?"

뜻밖의 대답에 놀란 상남이가 물었다.

"여러분이 그랬듯이 이전부터 사람들은 세계 지도를 보고 아메리카 대륙의 해안선과 유럽 대륙 및 아프리카 대륙의 해안선 모양이 비슷하다는 생각을 했습니다. 그리고 해안선이 비슷한 게 우연이 아닐 거라고 생각했던 거죠."

"해안선 모양이 비슷하다는 증거 밖에 없어요?"

상남이가 다시 캐묻자, X맨이 고개를 저으며 말했다.

"아니요. 더 있어요. 베게너는 여러 대륙의 비슷한 부분을 맞추어 보면 세계 곳곳의 산맥들이 하나로 이어진다는 사실도 알아냈죠. 또, 붙어 있던 세 대륙의 해안선 부근에 비슷한 동식물의 화석이 있다는 증거도 발견했습니다."

"아, 그렇구나. 그런데 어떻게 판이 움직이는 방향까지 알아낼 수 있나요?"

이번엔 룩희가 물었다. X맨이 잠깐 숨을 돌린 다음 말했다.

"아까 여러분이 문제의 답을 보고 추측한 방식과 비슷해요. 하나의 땅덩이일 때의 모습과 현재의 모습을 비교한 거죠. 이렇게 땅덩이가 움직이고 있다는 의견을 대륙 이동설이라고 부른답니다."

"땅이 하나였다는 증거를 찾다니 대단하네요. 처음에는 사람들이 안 믿었을 것 같아요."

상남이가 고개를 설레설레 저으며 말했다.

"처음엔 과학자들이 베게너의 주장에 대해 코웃음 쳤지만, 지구 내부의 물질에 대해 알게 되면서 대륙 이동설이 과학자들의 지지를 얻게 되었어요. 그 이후에 지각이 여러 개의 판으로 이루어져 있고 맨틀의 대류로 판이 조금씩 이동하고 있다는 사실도 밝혀졌고요."

"단단할 것만 같은 지구 내부가 이렇게 움직이고 있다니, 지구는 알면 알수록 재밌다."

"맞아. 나는 그동안 지구를 너무 몰랐었나 봐. 듣는 것마다 신기하니 말야."

"응. 마지막 여행지까지 매일 신났어. 정말 이 여행을 잊을 수 없을 것 같아."

그때 상남이가 무언가 생각난 듯 의미심장한 미소를 지었다. 그리고 X맨을 보면서 말했다.

"그래, 이번 여행에서 많은 걸 배웠지. 특히 난 완전히 새로운 사실도 알게 됐어. 아까 X맨이 차에서 잠깐 선글라스를 벗었을 때 알아챘지. 얘들아, 잘 봐. X맨은 어른이 아니야."

상남이가 갑자기 X맨 앞으로 다가가더니 말릴 새도 없이 선글라

그림자로 지구 크기를 재어라!

스를 벗겼다. 선글라스에 감취졌던 X맨의 앳된 얼굴이 드러났다.

"아잇!"

X맨은 너무 당황해서 얼굴을 가리지도 못하고 서 있었다.

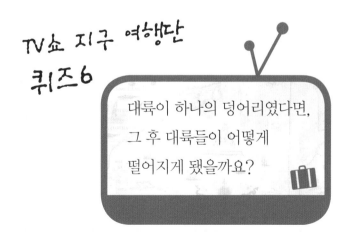

TV쇼 지구 여행단
퀴즈6

대륙이 하나의 덩어리였다면,
그 후 대륙들이 어떻게
떨어지게 됐을까요?

X맨의 비밀

"혹시…… 형? 형이…… 여기에 왜?"

지성이의 목소리였다. 아이들은 놀란 눈으로 지성이와 X맨을 번갈아 쳐다봤다.

"그래, 지성아. 형이야. 많이 놀랐지?"

놀란 건 지성이만이 아니었다. 명지와 룩희는 물론이고 선글라스를 벗긴 상남이도 얼떨떨한 표정이었다.

"처음 봤을 때부터 어딘가 낯이 익다고 생각했는데, 모습이 다르니 꿈에도 생각 못했어. 대체 어떻게 된 일이야?"

"하하. 머리를 염색하고 커다란 선글라스를 썼을 뿐인데 전혀 다른 사람으로 봤다니 변신에 성공했네. 난 그동안 네가 눈치챌까 봐

조마조마했어. 나중에는 좀 알아챘으면 했는데…… 역시 예리한 상
남이에게 들켜 버렸네. 크크."

X맨이 바바리코트 깃을 접어 내렸다. 그리고 다른 아이들을 돌아
보며 싱긋 웃었다.

"여러분도 많이 놀랐죠? 아니, 이제 존댓말 안 써도 되겠지? 나는

사실 지성이의 형이야. 도중에 말하려고 했는데 적당한 때를 못 찾았단다. 할 얘기가 많지만 지금 비행기 시간이 10분도 채 남지 않았어. 우선 공항으로 가면서 얘기하자. 너희들 짐은 여기 미리 싸 놨어."

X맨이 서둘러 아이들에게 짐을 넘겨주고 앞장섰다. 아이들은 놀란 마음을 추스릴 새도 없이 X맨을 따라갔다. 그리고 X맨이 잡은 택시에 함께 올라탔다.

"처음부터 지성이 형이라고 하지 대체 왜 속인 거예요?"

"TV쇼도 여행단도, 다 거짓말이었어요?"

차가 출발하자마자 멍지와 룩희가 질문을 쏟아 냈다. X맨이 어색한 미소를 지으며 대답했다.

"너희들을 속여서 정말 미안해. 이제야 솔직하게 말하게 되는구나. 화내지 말고 들어 줘. 나는 어릴 때부터 내 동생과 함께 세계 여행을 하고 싶었어. 우리 형제는 부모님을 일찍 여의고 큰 저택에서 외롭게 지내는 날이 많았거든. 하지만 지성이는 집 안에서 책만 보고 도무지 밖에 나가려 하지 않았어."

"그래서 이런 세계 여행을 기획한 거예요, X맨? 아니, 형?"

상남이가 X맨에게 물었다.

"어. 그래서 지성이와 함께 세계 여행도 떠나고 친구도 사귈 수 있는 아이디어를 냈지."

그림자로 지구 크기를 재어라!

"에이, 그럼 우린 들러리만 선 거예요?"

룩희가 중얼거리자 X맨이 급히 손을 저었다.

"룩희야, 무슨 그런 섭섭한 말을. 너희들 덕에 지성이는 물론이고 나도 정말 많이 변했어. 마음의 문을 열고 다른 사람과 함께 지내는 법을 알게 됐지. 게다가 너희가 지구에 대한 문제들을 그렇게 잘 풀 줄은 꿈에도 몰랐고! 너희들이 아니었으면 이 여행이 어땠을지 상상도 안 된다."

잠시 침묵이 흘렀다. 택시가 빠르게 공항으로 향했다.

"우리한테도 이번 여행은 정말 뜻깊었어요. 처음에는 문제가 어려워서 짜증도 났었는데, 같이 문제를 푸는 동안 지구에 대해 제대로 알게 된 것 같아요. 우리 모두 지도를 제대로 보는 법도 몰랐었잖아."

상남이가 지난 여행을 떠올리며 말했다.

"응. 캐나다에서 길을 잃고 영국에서 가방을 잃어버릴 뻔했던 일도, 지금 생각하니 다 추억이 될 것 같아. 그린란드의 빙하와 이집트의 땡볕도 못 잊을 거야."

"맞아. 지구가 둥글다는 증거를 찾았을 때부터 대륙 조각을 하나로 맞추는 퍼즐을 풀 때까지 얼마나 사건들이 많았는지."

멍지와 룩희도 한마디씩 했다.

"나는 세계를 돌아다니면서 책에서 읽은 게 전부가 아니라는 걸

그림자로 지구 크기를 재어라!

알았어. 직접 겪어 보니까 훨씬 재밌더라. 그리고 특히…… 너희랑 같이 여행해서 더 재밌었고."

지성이가 쑥스러워하며 아이들을 둘러봤다. 그때 택시가 공항에 도착했다.

"인사는 한국에 가서 나누고, 우선 뛰자!"

X맨이 택시에서 내리자마자 탑승구를 향해 달렸다. 아이들도 X맨을 따라 온 힘을 다해 뛰었다. 마지막이라는 사실이 아쉬웠지만 함께 돌아갈 생각을 하니 오히려 신이 났다. 달리는 아이들과 X맨의 얼굴에 웃음이 가득했다.

"지구 여행단 친구들, 마지막 목적지인 한국으로 출발!"

[TV쇼 지구 여행단 퀴즈 정답]

퀴즈1

정답 : 둥근 지구의 표면을 평면의 지도로 나타내면 실제 모습과 달라집니다. 네 귀퉁이가 네모반듯한 메르카토르 도법 지도에서는 극지방의 땅이 좌우로 늘어나 보입니다. 그래서 북극 가까이 있는 그린란드가 실제보다 크게 보입니다.

퀴즈2

정답 : 지구가 하루에 한 바퀴 돌아서 태양이 동쪽에서 뜨고 서쪽으로 집니다. 해가 동쪽에서 떠서 동쪽에 있는 나라의 시간이 빠르고, 지구가 24시간 동안 360도를 돌기 때문에 경도 15도마다 한 시간씩 차이 납니다. 하지만 나라마다 형편에 맞게 시간을 따로 정하기도 합니다. 예를 들어 중국은 동쪽 끝부터 서쪽 끝까지 같은 시간대를 사용합니다.

퀴즈3

정답 : 지구 자체가 커다란 자석이고 나침반의 바늘도 작은 자석이기 때문입니다. 지구의 북극은 S극, 남극은 N극의 성질을 띱니다. 자석은 같은 극끼리는 밀어내고 다른 극끼리는 잡아당기는 성질이 있어서, 나침반의 빨간 바늘(N)은 항상 북쪽을 가리키고 반대쪽 바늘(S)은 남쪽을 가리킵니다.

정답 : 북반구에서 볼 때 지구가 서쪽에서 동쪽 방향으로 자전하기 때문에, 별은 반대로 동쪽에서 서쪽 방향으로 움직이는 것처럼 보입니다. 북극성은 지구 자전축 위쪽에 있기 때문에 늘 제자리에 있는 것처럼 보입니다.

정답 : 탈레스는 땅바닥에 드리워진 그림자와 피라미드 밑변의 절반 길이를 더해 피라미드의 그림자 길이를 쟀습니다. 그다음 '막대의 길이 : 막대의 그림자 길이 = 피라미드의 높이 : 피라미드의 그림자 길이'라는 비례식을 세워 피라미드의 높이를 계산했습니다.

정답 : 지구 내부의 맨틀에서는 위아래의 온도 차이 때문에 대류가 일어납니다. 맨틀이 대류하면 맨틀 위의 지각 판들이 긴 시간에 걸쳐 조금씩 이동합니다. 이 때문에 지각 판에 속해 있는 각 대륙도 서서히 움직여 떨어지게 되었을 것입니다. 이 이론이 베게너가 주장한 대륙 이동설입니다.

융합인재교육(STEAM)이란?

새로운 수학·과학교육의 패러다임

"지구는 둥근 모양이야!"라고 말한다면 배운 것을 잘 이야기할 수 있는 학생입니다.

"지구가 둥글다는 것을 어떻게 알게 되었나요?"라고 질문한다면, 그리고 그 답을 스스로 생각해 보고 궁금증에 대한 흥미를 느낀다면 생활 주변에서 배우고 성장할 수 있는 학생입니다.

미래 사회는 감성과 창의성으로 학문의 경계를 넘나드는 융합형 인재를 필요로 합니다. 단순한 지식을 주입하지 않고 '왜?'라고 스스로 묻고 찾아볼 수 있어야 합니다.

미국, 영국, 일본, 핀란드를 비롯해 많은 선진 국가에서 수학과 과학 융합 교육에 힘쓰고 있습니다. 우리나라에서도 창의 융합형 과학 기술 인재 양성을 위해 교육부에서 융합인재교육(STEAM) 정책을 추진하고 있습니다.

융합인재교육(STEAM)은 과학(Science), 기술(Technology), 공학(Engineering), 예술(Arts), 수학(Mathematics)을 실생활에서 자연스럽게 융합하도록 가르칩니다.

〈수학으로 통하는 과학〉 시리즈는 융합인재교육 정책에 맞추어, 수학·과학에 대해 학생들이 흥미를 갖고 능동적으로 참여하며 스스로 문제를 정의하고 해결할 수 있도록 도와주고 있습니다.

스스로 깨치는 교육! 과학에 대한 흥미와 이해를 높여 예술 등 타 분야를 연계하여 공부하고 이를 실생활에서 직접 활용할 수 있도록 하는 것이 진정한 살아 있는 교육일 것입니다.

4 수학으로 통하는 과학

그림자로
지구 크기를
재어라!

ⓒ 2013 글 전영석, 이연주, 전민지
ⓒ 2013 그림 이지후

초판 1쇄 발행 2013년 12월 19일
초판 7쇄 발행 2021년 4월 26일

지은이 전영석, 이연주, 전민지
그린이 이지후
펴낸이 정은영

펴낸곳 (주)자음과모음
출판등록 2001년 11월 28일 제2001-000259호
주소 04047 서울시 마포구 양화로6길 49
전화 편집부 (02)324-2347, 경영지원부 (02)325-6047
팩스 편집부 (02)324-2348, 경영지원부 (02)2648-1311
이메일 jamoteen@jamobook.com

ISBN   978-89-544-3038-8 (44400)
       978-89-544-2826-2 (set)

이 도서의 국립중앙도서관 출판시도서목록(CIP)은 서지정보유통지원시스템 홈페이지
(http://seoji.nl.go.kr)와 국가자료공동목록시스템(http://www.nl.go.kr/kolisnet)에서
이용하실 수 있습니다.(CIP제어번호 : CIP2013025952)